● グラフィック情報工学ライブラリ ●
GIE-6

# 実践による
# コンピュータアーキテクチャ

MIPSプロセッサで学ぶアーキテクチャの基礎

中條拓伯・大島浩太 共著

数理工学社

# 編者のことば

　「情報工学」に関する書物は情報系分野が扱うべき学術領域が広範に及ぶため，入門書，専門書をはじめシリーズ書目に至るまで，すでに数多くの出版物が存在する．それらの殆どは，個々の分野の第一線で活躍する研究者の手によって書かれた専門性の高い良書である．が，一方では専門性・厳密性を優先するあまりに，すべての読者にとって必ずしも理解が容易というわけではない．高校での教育を修了し，情報系の分野に将来の職を希望する多くの読者にとって「まずどのような専門領域があり，どのような興味深い話題があるのか」と言った情報系への素朴な知識欲を満たすためには，従来の形式や理念とは異なる全く新しい視点から執筆された教科書が必要となる．

　このような情報工学系の学術書籍の実情を背景として，本ライブラリは以下のような特徴を有する《新しいタイプの教科書》を意図して企画された．すなわち，

1. 図式を用いることによる直観的な概念の理解に重点をおく．したがって，
2. 数学的な内容に関しては，厳密な論証というよりも可能な限り図解（図式による説明）を用いる．さらに，
3. （幾つかの例外を除き）取り上げる話題は，見開き2頁あるいは4頁で完結した一つの節とすることにより，読者の理解を容易にする．

　これらすべての特徴を広い意味で"グラフィック(Graphic)"という言葉で表すことにすると，本ライブラリの企画・編集の理念は，情報工学における基本的な事柄の学習を支援する"グラフィックテキスト"の体系を目指している．

　以下に示されている"書目一覧"からも分かるように，本ライブラリは，広範な情報工学系の領域の中から，本質的かつ基礎的なコアとなる項目のみを厳選した構成になっている．また，最先端の成果よりも基礎的な内容に重点を置き，実際に動くものを作るための実践的な知識を習得できるように工夫している．したがって，選定した各書目は，日々の進歩と発展が目覚ましい情報系分野においても普遍的に役立つ基本的知識の習得を目的とする教科書として編集されている．

編者のことば

　このように，本ライブラリは上述したような広範な意味での"グラフィック"というキーコンセプトをもとに，情報工学系の基礎的なカリキュラムを包括する全く新しいタイプの教科書を提供すべく企画された．対象とする読者層は主に大学学部生，高等専門学校生であるが，IT系企業における技術者の再教育・研修におけるテキストとしても活用できるように配慮している．また，執筆には大学，専門学校あるいは実業界において深い実務体験や教育経験を有する教授陣が，上記の編集趣旨に沿ってその任にあたっている．

　本ライブラリの刊行が，これから情報工学系技術者・研究者を目指す多くの意欲的な若き読者のための"プライマー・ブック (primer book)"として，キャリア形成へ向けての第一歩となることを念願している．

2012年12月

　　　　　　　　　編集委員：　横森 貴・小林 聡・會澤邦夫・鈴木 貢

| [グラフィック情報工学ライブラリ] 書目一覧 ||
|---|---|
| 1. | 理工系のための情報リテラシ |
| 2. | 情報工学のための離散数学 |
| 3. | オートマトンと言語理論 |
| 4. | アルゴリズムとデータ構造 |
| 5. | 論理回路入門 |
| 6. | 実践によるコンピュータアーキテクチャ |
| 7. | オペレーティングシステム |
| 8. | プログラミング言語と処理系 |
| 9. | ネットワークコンピューティングの基礎 |
| 10. | コンピュータと表現 |
| 11. | データベースと情報検索 |
| 12. | ソフトウェア工学の基礎と応用 |

# まえがき

　本書は，コンピュータアーキテクチャについて，実践的に半年間の講義において理解できるようにまとめたものである．その中で特にプロセッサの動作について，その詳細な動きを把握し，自分で設計できる直前までの知識が身につくように考えた．

　コンピュータに触れるのは，ほとんどの場合プログラミングからであろう．C言語，C++，Java言語といった高級言語でアルゴリズムを記述したりすることから始まり，ゲームを作ったり，ユーティリティを作成していくことだろう．その中で，自分が記述したプログラムが，プロセッサの中でどのように解釈され実行されていくのかという疑問に対して応えたいという動機で執筆を開始した．

　本書をきっかけにして，現在世の中で主流となっているx86アーキテクチャや，携帯機器で活躍しているARMといったプロセッサに興味を持ち，その命令セットを紐解いていきたいと思える読者が増えれば，本書の目的の大部分は達成できたものと思われる．

　また，主にプログラミングなどソフトウェアの方に興味を持つ読者に対しても，本書で得られた知識が，より効率のよい，高速に動作するプログラム作成への一助となれば幸いである．

　本書は，まずコンピュータシステムを構築する上で必要最低限のハードウェアに関する知識として，1章において「コンピュータアーキテクチャのための基礎知識」について解説している．実際にLSIを設計してチップとして実装するには，ディジタル回路に関する，さらに詳細な知識が必要となるが，詳細は他書に譲る．ここで示した事がらを理解すれば，基本はおさえられ後の章につながる．

　2章ではコンピュータシステムの概要として，「コンピュータの仕組みと機械語」を示し，プロセッサの命令がどのように構成されているか，これらがどのようにして実行されるのかの大まかな動きを示している．プログラムがどのようにプロセッサで処理されるのか，どのような考え方で作られているのかを知ることは，後の章の理解に役立つにとどまらず，一般的なコンピュータの知識としても役立つはずである．

## まえがき

　3章ではMIPSアーキテクチャを例にとり，「MIPSのアセンブリ言語と機械語」について解説している．シミュレータソフトを使って実際にアセンブリ言語のプログラムの動作を試せる内容を盛り込んでいるので，ぜひコンピュータ上で動かしてみてもらいたい．プログラムの実行を通じてプロセッサはどのように動いているのか？といった仕組みをイメージできるようになれば，本書の内容をより深く理解できるようになる．

　以上の知識を基に，4章ではプロセッサの内部動作について詳細に示す．2章，3章で示したMIPS命令がプロセッサの内部でどのように解釈され，実行されていくのかをできるだけ理解しやすいように，その内部構造について，シンプルなものを徐々に複雑なものに統合していく過程を解説した．どのタイミングでどの制御信号が有効になるのかも示し，ディジタル回路やハードウェア記述言語の知識があれば，自身で設計し，実装できる直前までに必要な知識を記述したつもりである．自分で動かしてみたいと思う方は是非挑戦していただきたい．

　5章では，コンピュータの性能を左右するメモリアーキテクチャについて示している．コンピュータアーキテクチャは，先人たちの様々な創意工夫の上に成り立っている．特に，現代社会は，コンピュータの性能の進歩とともに発展してきたと言っても過言ではないだろう．本章では，その偉大なる創造的アイデアの一部を紹介する．

　以上，1章と4章は中條が執筆し，2章と3章および5章については大島が執筆を行った．

　半年の期間で計15回程度の講義においてカバーできるように著した．読者，受講者の理解度に従って，適度なところで区切って，1つずつ理解していっていただきたい．

　本書をきっかけにプロセッサ内部アーキテクチャに興味を持つようになり，将来世界中で利用されるようなプロセッサの設計者にとって，多少なりとも役立った書籍として記憶にとどまることを願う．

　なお，本書の執筆のずっと以前，東京農工大学工学部在籍時に，MIPSプロセッサをFPGA上で動作させるための設計・実装をVerilog HDLにて行い，そのソースコードを気兼ねなく提供してくれたソニー株式会社の加藤義人氏に感謝する．

2014年3月

中條拓伯・大島浩太

## 目次

### 第1章　コンピュータアーキテクチャのための基礎知識　1

- 1.1　コンピュータ内部のデータ表現（整数，負の数，浮動小数点，文字）　2
- 1.2　ゲートと組合せ回路 ……………………………………………………… 14
- 1.3　順序回路とステートマシン ……………………………………………… 24
- 1.4　外部装置とプロセッサ間の入出力（I/O） …………………………… 31
- 演習問題 ……………………………………………………………………… 39

### 第2章　コンピュータの仕組みと機械語　41

- 2.1　コンピュータの基本構成とフォン・ノイマンアーキテクチャ ……… 42
- 2.2　命令セットと命令フォーマット ………………………………………… 50
- 2.3　RISC と CISC …………………………………………………………… 59
- 演習問題 ……………………………………………………………………… 61

### 第3章　MIPS アーキテクチャとアセンブリ言語　63

- 3.1　MIPS の命令セット ……………………………………………………… 64
- 3.2　アセンブリ言語とプロセッサシミュレータ …………………………… 73
- 3.3　実際のプログラムの動作 ………………………………………………… 80
- 演習問題 ……………………………………………………………………… 95

### 第4章　MIPS アーキテクチャ内部構成　97

- 4.1　データパス ………………………………………………………………… 98
- 4.2　制御ユニットの内部論理 ………………………………………………… 123
- 4.3　各命令実行時の制御ユニットからの制御信号 ………………………… 125
- 4.4　最終データパスの構築とハードウェア実装 …………………………… 129
- 演習問題 ……………………………………………………………………… 131

## 第 5 章　メモリアーキテクチャ　133

5.1　キャッシュメモリ .................................................. 134
5.2　仮想記憶 .............................................................. 147
演習問題 ........................................................................ 156

## 演習問題解答　158
## 参考文献　164
## 索　引　165

　本書で記載している QtSpim は James Larus によって開発されたシミュレータです．
　また，本書で記載している会社名，製品名は各社の登録商標または商標です．
　本書では Ⓡ と ᵀᴹ は明記しておりません．

# 第1章
# コンピュータアーキテクチャのための基礎知識

　この章では，コンピュータシステム，特にプロセッサと呼ばれるものの動作を理解する上で最も基本になる事柄について説明する．コンピュータを突き詰めると，スイッチのオン／オフの2つの状態を用いて作られる論理回路の集合でできたモンスターである．そのプロセッサの中で用いられる「数値表現」と「データ表現」，その巨大なモンスターを構成する最も基本的な「論理回路」について解説する．

> コンピュータ内部のデータ表現
> 　　（整数，負の数，浮動小数点，文字）
> ゲートと組合せ回路
> 順序回路とステートマシン
> 外部装置とプロセッサ間の
> 　　入出力（I/O）

# 1.1 コンピュータ内部のデータ表現 (整数，負の数，浮動小数点，文字)

コンピュータは，数値，文字列，音声，静止画，動画といった，様々な情報を扱うことができる便利な機器である．しかし，我々の目や耳でとらえるいろいろな形のこれらの情報は，実はコンピュータの内部では，「0」と「1」，「オン」と「オフ」といった，たった2つのディジタルな情報の並び，組合せによって形作られている．これは現代のコンピュータの発展において最も重要なトランジスタが「オン」と「オフ」の2つの状態をとることができ，それぞれを「1」と「0」とみなしているからである．それらを並べてできるものを2進数として扱うことで，様々なデータを扱い，処理することができるのである．

この2進数を用いてコンピュータ内で命令やデータが構成され，またそのデータを処理するのであるが，そこには先人たちの様々な叡智や工夫がある．これから，こういった数値や文字などの「データの表現方法」について学習していこう．

### 1.1.1 2進数, 10進数, 16進数の変換

我々が普段扱う数値は **10進数**である．0, 1, 2, 3, 4, ... と増えていくと，9の次の数値は桁が1つ上がり，10と変わる．このとき "10" を**基数**という．そのため○進数というのは基数が○の数値表現ということになる．

では，**2進数**だとどうなるだろう．0から1に増え，その次にもう1つ増えると基数が2であるから1桁上がることになる．したがって，2進数で2という表現は存在せず，"10" になる．その次の数値は "11"，そしてその次は桁がさらに上がり "100" になる．

**10進数から2進数への変換**　では次にどのようにして10進数の数値を2進数の0と1の並びに変換すればいいのか，100という10進数の数値を2進数に変換する例で考えてみよう．

**例**　図1.1にあるように，100を2で割っていく．そして，その余りを右側に記述する．どんどん2で割っていき，そうして割れなくなるまで進めていく．こうして商と余りによってできあがった1と0の並びを下側から順に，左側から並べていくと，"1100100" ということになる．この1と0の並びが，10進数の100を2進数で表した数値となる．

## 1.1 コンピュータ内部のデータ表現（整数，負の数，浮動小数点，文字）

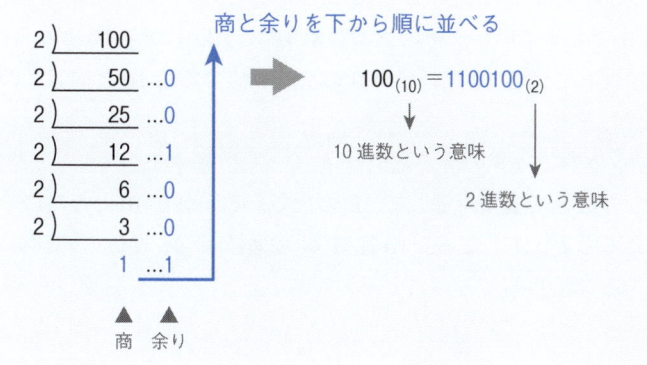

**図 1.1** 10 進数 100 の 2 進数への変換

**2 進数から 10 進数への変換** 次に 2 進数から 10 進数への変換はどうなるだろう．10 進数で 235 という数値は 100 が 2 個，10 が 3 個，1 が 5 個からできあがっている．100 は $10^2$，10 は $10^1$，そして 1 は $10^0$ となる．これは基数が 10 の場合であるが，基数が 2 である 2 進数の場合，この 10 を 2 に置き換えればいいのである．すなわち，最も小さな桁（一番右側の桁）は $2^0$，次の桁は $2^1$，その次は $2^2$，… といったように，桁が左に移るごとに指数部分を 1 ずつ増やしていく．この $2^n$ ($n = 0, 1, \ldots$) を**重み**という．そして，1 となっている部分の重みのみを足し加えていき，0 のところは加えない．

では，先ほどのできあがった 2 進数の 1100100 を 10 進数にしてみよう．この方法に従って重みを足し合わせると，100 に戻ったはずである．

$$2^6 \times 1 + 2^5 \times 1 + 2^4 \times 0 + 2^3 \times 0 + 2^2 \times 1 + 2^1 \times 0 + 2^0 \times 0$$
$$= 64 + 32 + 4$$
$$= 100$$

**10 進数から 16 進数への変換** コンピュータが扱う 2 進数データの 1 桁をビットという．ビット（bit）とは binary digit を略したもので，コンピュータを含むディジタル回路における基本単位である．32 ビットだと 1001100011000 … と 0 や 1 が 32 個並ぶことになる．64 ビットとなると，さらに酷いことになる．10 進数で表せば桁数は減るが，どのビットが 1 になったり 0 だったりするかはすぐには分からない．そこで，できるだけ表記する桁数を少なくするために登

場するのが 16 進数である．**16 進数**は，0, 1, 2, 3, . . . , 9, 10, . . . , 14, 15 と 0 から 15 まで増えていき，その次の数値 16 で 1 桁上がり 10 となる．しかし，我々が普段使っている 10 進数では 9 の次の数値である 10 と同じものがこの並びに現れてしまう．

そこで 16 進数では 9 の次の数値は A で表し，順次 B, C, . . . と進み，15 に相当するものは F で表す．そして，F の次で桁が上がり 10 となるのである．以上をまとめると表 1.1 となる．10 進数 ⇔ 2 進数 ⇔ 16 進数 の変換に慣れるまでは，この表を活用してみること．

表 1.1 2 進数，16 進数変換表

| 10 進数 | 2 進数 | 16 進数 | 10 進数 | 2 進数 | 16 進数 |
| --- | --- | --- | --- | --- | --- |
| 0 | 0000 | 0 | 8 | 1000 | 8 |
| 1 | 0001 | 1 | 9 | 1001 | 9 |
| 2 | 0010 | 2 | 10 | 1010 | A |
| 3 | 0011 | 3 | 11 | 1011 | B |
| 4 | 0100 | 4 | 12 | 1100 | C |
| 5 | 0101 | 5 | 13 | 1101 | D |
| 6 | 0110 | 6 | 14 | 1110 | E |
| 7 | 0111 | 7 | 15 | 1111 | F |

この表から，4 ビットの 2 進数は 0 から 15 の整数に変換できる．これは全て非負の数であり符号が無いことから**符号無し**（unsigned）**数値**と呼ぶ．4 桁までの 2 進数はこの表を用いて変換できるが，それを超える数値の変換は以下のように行う．

まず，長い 2 進数を下位（右端）から順に 4 桁（4 ビット）ずつ区切っていく．そして，その 4 ビットごとに，先ほどの表 1.1 から 16 進数に変換していく．10 進数の 100 は 2 進数では 1100100 であったが，下位ビットから 4 ビットずつ区切ると 110|0100 となり，それぞれを 16 進数に変換すると $64_{(16)}$ となる．このように，2 進数で 7 桁あった 100 という数値は 16 進数では 2 桁で記述できた．また，図 1.1 と同じ手順で 10 進数の数値を 16 で割った商と余りから 16 進数を作ることもできるが，一度 2 進数に変換して，下位から 4 桁ずつ区切る上記の方法の方が間違える危険性は少ない．

## 1.1.2 負の数と補数

前項では 4 ビットの 2 進数と 10 進数の対応を符号無し数値として示したが，その範囲は 0 から 15 であり，これらは全て非負の数値である．負の数値を表現するにはどのようにすればいいのだろうか？

ここでは負の数値を表現するために，4 ビットの数値を例に，符号付き絶対値，1 の補数，2 の補数の 3 種類の表現方法について説明しよう．

**符号付き絶対値**　正負の数値の違いは**符号**である．その符号を，**MSB** (Most Significant Bit) という左端のビットにより示す．逆に右端のビットは **LSB** (Least Significant Bit) と呼ぶ．この MSB が 0 であれば正の数値，1 であれば負の数値を表し，これを**符号ビット**と呼ぶ．"−" を縦にしたものと憶えよう．

**符号付き絶対値**は，その符号ビットに加え，残りのビットを絶対値として与えて 10 進数の整数を表す．例えば，0101 は符号ビットが 0 であるので正の数値であり，残りのビットの絶対値は $101_{(2)} = 5_{(10)}$ となるので，+5 を表す．1011 は符号ビットが 1 となり負の数値を表し，絶対値は $3_{(10)}$ であり，これは −3 となる．

ところで，0000 は 0 であるが，1000 はどうなるだろうか？ これは −0 となり，0000 と同じ値となってしまう．符号無し数値の場合は，4 ビットでは 16 種類の数値を表現できたが，符号付き絶対値の表現方法では 15 種類しか表せないことになる．これはもったいない[†]．

**1 の補数**　次に，正負の整数値表現方法として **1 の補数**がある．符号ビットの扱いは符号付き絶対値と同じように MSB を用いる．そして，正負を反転させるためには，ビット全てを反転させて作る．例えば，5 を示す 0101 を負の数値 −5 にするには全ビットを反転させればいいのである．この場合 1010 となる．ビットを反転させることで，正の数は負の数値に，負の数は正の数値に変わる．

しかし，この 1 の補数も問題がある．1111 という 2 進数の数値は 10 進数では 0 となり，0000 と同じ値となってしまう．したがって，1 の補数でも 4 ビットでは 15 種類の数値しか表すことができない．やはりもったいない[†]．

---

[†] 「もったいない」と繰り返すのは，回路設計やアーキテクチャ設計においては，無駄をできるだけ無くして最適化を行わねばならないという強い意志のもとでさまざまな試行錯誤が行われており，この気持ちを常に持ち，忘れないでいただきたいからである．ただし，性能を絶対に犠牲にしてはならない．

**2の補数**　2の補数は以下のように作る．正負の反転には，1の補数と同じように全ビットを反転させるが，さらに，最下位ビットに1を加える．例えば，−5は5である0101を反転させた1010の最下位ビットに1を加えた1011となる．また，1011を反転させた0100の最下位ビットに1を加えると0101となり，5に戻ることが理解できたかな？　そうすると1の補数で問題となった1111はどうなるだろう？　符号ビットが1となっているのでこれは負の数値である．符号を反転させればその絶対値が求まる．全ビットを反転させて最下位ビットに1を加えると0001となり，したがって1111は−1を表すのである．

今は4ビットを例にしたが，32ビットであっても，64ビットであっても，全ビットを反転させて1を加える仕組みは同じである．したがって，2の補数表現においては，全てのビットが1であれば，それは−1という数値となる．これまでも32ビットや64ビットを例に出してきたのは現在の，そしてこれからの主流となるコンピュータの基本となるビット数が32ビットや64ビットだからである．

ここで，全ビットを反転させて最下位ビットに1を加えるという機械的な操作には一体どういった意味があるか考えてみよう．先ほどの−5を示す1011と，正の数値5である0101とを加えてみよう．結果，10000となり下位4ビットが全て0で5ビット目が1になった．

今，ある4ビットの任意の数値 $X$ があり，その2の補数を $X'$ とする．$X'$ は $X$ を反転させた $\overline{X}$ に0001を加えたものである．$X$ と $X'$ を足してみると，以下のようになる．

$$X + X' = X + \overline{X} + 0001$$

ここで，$X + \overline{X}$ は，$X$ がどのような値であっても必ず1111になる．そこに0001が加わると10000となる．すなわち，任意の数値と，その2の補数を加えたものは必ず10000となるのである．以上から

$$X + X' = 10000$$

となり，したがって $X$ の2の補数 $X'$ は $10000 - X$ を意味することとなる．このことは後に演算回路において重要な概念となるので，しっかりと理解しておくこと．2の補数が他の2つの表現よりも優れている点は，0の表現が2種類あるといったような無駄がなく，16種類の数値を表すことができる点にある．

以上をまとめると，次頁の表1.2のようになる．

## 1.1 コンピュータ内部のデータ表現（整数，負の数，浮動小数点，文字）

**表 1.2** 符号付き整数表現

| 2進数 | 符号付き絶対値 | 1の補数 | 2の補数 |
|---|---|---|---|
| 0000 | 0 | 0 | 0 |
| 0001 | 1 | 1 | 1 |
| 0010 | 2 | 2 | 2 |
| 0011 | 3 | 3 | 3 |
| 0100 | 4 | 4 | 4 |
| 0101 | 5 | 5 | 5 |
| 0110 | 6 | 6 | 6 |
| 0111 | 7 | 7 | 7 |
| 1000 | −0 | −7 | −8 |
| 1001 | −1 | −6 | −7 |
| 1010 | −2 | −5 | −6 |
| 1011 | −3 | −4 | −5 |
| 1100 | −4 | −3 | −4 |
| 1101 | −5 | −2 | −3 |
| 1110 | −6 | −1 | −2 |
| 1111 | −7 | −0 | −1 |

このようにマイナスの符号を持つ数値を，前節の符号無し数値に対して**符号付き（signed）数値**と呼ぶ．今後，符号付き数値を扱う場合は，全て2の補数表現に基づいて行う．

**コラム**　かの遺伝的アルゴリズム（GA）を世に広めた David E. Goldberg は，ある日，大学に登校したところ，目当ての講義が休講となっていた．途方に暮れ，たまたま近くの教室で開講していた GA の創始者である John H. Holland の講義に何気なく飛び込んだ．そこで強烈な感銘を受け，その道に突き進むことになったのである．

人生，何が転機となるかわからないものだ．ひょっとしたら，コンピュータアーキテクチャがあなたの人生を変えるかも知れない． ○

### 1.1.3 実数：小数点を持つ数値

これまで整数値のみを扱ってきたが，実世界では小数点を持つ数値を扱う場合が数多くある．たった「半分」というものでさえも 0.5 という小数点を持つ数値となる．ここでは，2 進数の並びでどのように小数点を持つ数値を扱うのかを，次の 2 種類の表現方法について説明しよう．

- 小数点の位置が固定された固定小数点数値
- その位置が水面をプカプカ浮かぶように移動する浮動小数点数値

**固定小数点**　1.1.1 項において，2 進数から 10 進数に変換する方法について説明した．そのときに，最下位ビットでは $2^0$，次の桁は $2^1$，その次は $2^2$, ... といったような**重み**があった．今，101.101 という小数点を持つ 2 進数があるとする．小数点の左側の重みは，これまで扱ってきた整数と同じものとなる．では，小数点の右側の重みはどうなるのだろうか．

基数 2 の指数部は左に 1 つ進めば "1" 増える．左側から見ると，右に 1 桁進めば指数部は "1" 減る．そうすると小数点の 1 つ右側の指数部は 0 から 1 減った "−1" となる．つまり，小数点の右側の重みは，順に $2^{-1}, 2^{-2}, 2^{-3}, \ldots$ となっていくのである．したがって，先ほどの 101.101 という 2 進数の値は

$$2^2 \times 1 + 2^1 \times 0 + 2^0 \times 1 + 2^{-1} \times 1 + 2^{-2} \times 0 + 2^{-3} \times 1$$
$$= 4 + 1 + 0.5 + 0.125 = 5.625$$

といった数値を持つこととなる．

1.1.2 項で，4 ビットの整数値について示したが，この 4 ビットの 2 進数において，小数点がちょうど中心にあるとした場合に扱える数値の範囲について，**符号無し数値**，**符号付き数値**はそれぞれ表 1.3 のようになる．

この表にない，例えば 0.8 という数値を，上記の 4 ビットで小数点が中心にあるフォーマットの 2 進数で表現するには，最も近い値である 0.75 を示す 0011 を選択することになる．その差の 0.05 は**誤差**となる．この誤差をもっと小さくしたい場合は，ビット数を増やし，小数点をさらに詳細に表現できるようにするしかない．

ここでは，小数点の位置を 4 ビットの中心に設定したが，その位置を 1 つ左にずらしたり，最上位ビットよりさらに左側に設定したりすることもでき，その位置については，利用するユーザが，計算したいデータの範囲に従って設定

1.1 コンピュータ内部のデータ表現（整数，負の数，浮動小数点，文字）

**表 1.3** 小数点数の 10 進数変換表

| 2 進数 | 符号無し数値 | 符号付き数値 | 2 進数 | 符号無し数値 | 符号付き数値 |
|---|---|---|---|---|---|
| 0000 | 0.0 | 0.0 | 1000 | 2.0 | −2.0 |
| 0001 | 0.25 | 0.25 | 1001 | 2.25 | −1.75 |
| 0010 | 0.5 | 0.5 | 1010 | 2.5 | −1.5 |
| 0011 | 0.75 | 0.75 | 1011 | 2.75 | −1.25 |
| 0100 | 1.0 | 1.0 | 1100 | 3.0 | −1.0 |
| 0101 | 1.25 | 1.25 | 1101 | 3.25 | −0.75 |
| 0110 | 1.5 | 1.5 | 1110 | 3.5 | −0.5 |
| 0111 | 1.75 | 1.75 | 1111 | 3.75 | −0.25 |

することとなる．

　固定小数点による演算は一般的なプログラミング言語においては標準ではサポートされておらず，C 言語などでは，3.14 といった小数点を用いると，自動的に次節で述べる浮動小数点数値として扱われることになる．信号処理を専用に行う **DSP**（Digital Signal Processor）を利用するといった場合に，この固定小数点表現が重要になってくる．

> コラム　筆者の一人は，大学 4 年生で研究室に配属されるまでマイクロプロセッサには触れたこともなかった．そのときに研究テーマとして指導教官から与えられたチップが，Texas Instruments 社の DSP である TMS32010 であった．外部バスクロックを 5 MHz で与え，20 MHz で動作し，200 n 秒で 16 bit 固定小数点の積和演算を実行するものであった．プログラムメモリは最大 4,096 ワード，データメモリは 144 ワードを内蔵という，現在の 4 GHz といった速度で動作し，数 M バイトものキャッシュを内蔵する高性能マルチコア・マイクロプロセッサから見れば貧弱なものであった．この TMS32010 を 4 つ用いたマルチ DSP システムを，はんだ付けやラッピングで昼夜問わず実装に没頭し，FIR フィルターや FFT のプログラムを機械語でせっせと書いていた．
> 　当時は Z80 や MC6809 といった 8 ビットのマイクロプロセッサが全盛だった頃に，DSP といったやや特殊なプロセッサに出会ったのは，今から思えば幸運だったのかもしれない．主流を求めるのもいいが，特殊用途のマニアックなものにも目を向けてみよう！
> 　　　　　　　　　　　　　　　　　　　　　　　　　　　　　　　　　　　　○

**浮動小数点** コンピュータは高速な計算ができるが，扱える数値の範囲には限界がある．それはコンピュータの基本ビット数が 32 ビットであったり，64 ビットといった限られたものであるため，これを超える範囲については，ソフトウェア処理で多少は拡げることは可能であるものの，その範囲は無限ではない．

例えば，16 ビットで扱える符号付き整数値は −32768 から 32767 までの数値であり，32 ビット，64 ビットと，どんなにビット数を増やしてもやはり限界がある．

しかし，その限られたビット数を有効に用いて，さらに大きな数値やもっと小さな数値を扱いたい場合がある．例えば，近年の日本の国家予算を扱うには何ビット必要となるだろうか？ 化学において重要な $6.022 \times 10^{23}$ というアボガドロ数となるとどうだろう？ 半導体のプロセス技術である数十ナノメートルというのは，$10^{-9}$ が基本単位となる．そのような小さな数値はどのように表せばいいのだろうか？

そこで用いられるのが **浮動小数点** 表現である．桁数が膨大にあるような数値を $M \times B^E$ といった形式で記述する．ここで $B$ は基数であり，先ほどのアボガドロ数では基数は 10 であった．コンピュータにおける浮動小数点表現では基数は 2 であり，$M$ の部分を **仮数部**，$E$ の部分を **指数部** と呼ぶ．

浮動小数点については，**IEEE754** という標準規格があり，詳細に規定されている．浮動小数点は **単精度**，**倍精度** があり，具体的には以下の図 1.2 に示す．

- 単精度では 32 ビットの中で，MSB を符号ビットとし，次の 8 ビットが指数部，残り 23 ビットが仮数部となる．
- 倍精度では 64 ビットで表し，符号ビットの次に 11 ビットの指数部，52 ビットが仮数部となる．

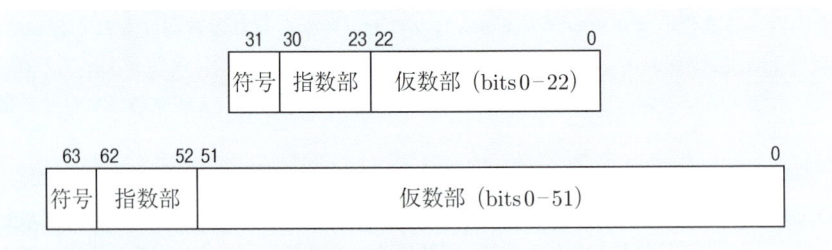

図 1.2　単精度，倍精度浮動小数点のフォーマット

1.1 コンピュータ内部のデータ表現（整数，負の数，浮動小数点，文字） 11

単精度を例に，10進数がどのようにIEEE754規格のフォーマットに変換されるのかを説明しよう．

**例** 指数部が8ビットであるので，0から255の数値となるが，負の数値も扱えるようにするために，ある一定の数値を引く．この数値を**バイアス**と呼ぶ．そのバイアスの値は，指数部のビット数が$E$の場合，$2^{E-1}-1$となり，8ビットだと127となる．したがって，指数部が$01001011_{(2)} = 75$であった場合，127を引いて$-52$が指数部の値となるのである．

仮数部は23ビットであるが，暗黙の1が最上位ビットに隠れていて，実質的には24ビットとなる．そして，その仮数部の最上位ビットが1.となるように正規化を行う．

10進数の場合，指数部が1増えると10倍され，小数点が右に1つずれ，指数部が1減ると逆に10分の1となり，小数点が左に1つずれることになる．2進数の場合についても同様で，指数部が1増えると2倍されて，小数点が右に1つずれ，指数部が1減ると逆に2分の1となり，小数点が左に1つずれるのである．

今，$1011.11001_{(2)}$という2進数があるとする．最上位ビットが1.となるように正規化すると$1.01111001 \times 2^3$となる．そして，最上位ビットの1が暗黙の1となり，仮数部には保持する必要は無く，したがって，この場合の仮数部は01111001000000000000000となる．指数部は3であるが，バイアス分の127を加算し$130 = 10000010_{(2)}$を指数部として保持する．　　　　　　　　　　　　　　　　　　　　　　　　　　　○

また，指数部，仮数部が全て0の場合は，特別な場合として0を表す．さらに，指数部が全て1で，仮数部が0の場合は無限大を表す．符号ビットと合わせると $-$無限大 と $+$無限大 を表せる．指数部が0で仮数部が0でない場合は，正規化を行わない数値となる．そして，指数部が全て1で仮数部が0でない場合は**非数値**として処理する．以上をまとめると表1.4のようになる．

表1.4 単精度浮動小数点数の表現

| 種類 | 指数部 | 仮数部 |
|---|---|---|
| ゼロ | 0 | 0 |
| 非正規仮数 | 0 | 0以外 |
| 正規仮数 | 1–254 | 任意 |
| 無限大 | 255 | 0 |
| 非数値 | 255 | 0以外の任意 |

浮動小数点では，このように仮数部と指数部を用いて，大きな数値や小さな数値を表現できる．しかし，前に述べた固定小数点では 32 ビット全てが有効数値であったのに対し，有効数値を示す仮数部は，単精度では 24 ビット分しかない．したがって，演算を重ねていくうちにその分誤差として蓄積されていく．

また，上記のような複雑な変換を経て格納されているので，演算を行う場合にはもろもろの手続きを踏むこととなり，ハードウェア化する場合にも回路が複雑なものとなる．汎用のプロセッサでは，浮動小数点演算を専用に行うコプロセッサを備えている場合が多く，それでも乗算，除算にはかなりのクロック数を経て行われる．

**文字と文字列**　現在，世の中のコンピュータが処理対象とするデータの最も主流となるのは，アルファベット，数字，日本であれば漢字，ひらがななどの文字，文字列である．それは日々 PC 間や携帯，スマートフォンの間を行き交うメール，SNS などにおけるつぶやきや状況報告など，その多くは文字を用いて行われていることからも分かる．

文字データには，半角文字として知られるアルファベットがある．a から z までの 26 文字とその大文字を加えたものに，アスタリスク，チルダなどの記号，その他改行などの制御文字があり，これらは 128 種類の範囲内に収まる．128 種類ということは 7 ビットで表現できることになる．これらの文字に 7 ビットのビット列を与えて定義したものが **ASCII** コードと呼ばれるもので，世界中で広く使われている．表 1.5 に ASCII コードを示す．さらに半角のカタカナなどを加えたものに **JIS** コードがある．

コンピュータを利用する際に用いる文字はアルファベットだけではなく，漢字，ひらがな，カタカナといった全角文字も用いる．また，それぞれの国に応じた文字があり，ハングル文字，タイ文字など，世界中の文字がコンピュータ内，コンピュータ間を行き交っている．当然，これらの文字は 7 ビットでは収まらず，それぞれの文字に応じたコードがある．

1.1 コンピュータ内部のデータ表現（整数，負の数，浮動小数点，文字）

表 1.5 ASCII コード表

| 00 | nul | 01 | soh | 02 | stx | 03 | etx | 04 | eot | 05 | enq | 06 | ack | 07 | bel |
|---|---|---|---|---|---|---|---|---|---|---|---|---|---|---|---|
| 08 | bs | 09 | ht | 0A | lf | 0B | vt | 0C | np | 0D | cr | 0E | so | 0F | si |
| 10 | dle | 11 | dc1 | 12 | dc2 | 13 | dc3 | 14 | dc4 | 15 | nak | 16 | syn | 17 | etb |
| 18 | can | 19 | em | 1A | sub | 1B | esc | 1C | fs | 1D | gs | 1E | rs | 1F | us |
| 20 | sp | 21 | ! | 22 | ” | 23 | # | 24 | $ | 25 | % | 26 | & | 27 | ’ |
| 28 | ( | 29 | ) | 2A | * | 2B | + | 2C | , | 2D | - | 2E | . | 2F | / |
| 30 | 0 | 31 | 1 | 32 | 2 | 33 | 3 | 34 | 4 | 35 | 5 | 36 | 6 | 37 | 7 |
| 38 | 8 | 39 | 9 | 3A | : | 3B | ; | 3C | < | 3D | = | 3E | > | 3F | ? |
| 40 | @ | 41 | A | 42 | B | 43 | C | 44 | D | 45 | E | 46 | F | 47 | G |
| 48 | H | 49 | I | 4A | J | 4B | K | 4C | L | 4D | M | 4E | N | 4F | O |
| 50 | P | 51 | Q | 52 | R | 53 | S | 54 | T | 55 | U | 56 | V | 57 | W |
| 58 | X | 59 | Y | 5A | Z | 5B | [ | 5C | \ | 5D | ] | 5E | ^ | 5F | _ |
| 60 | ` | 61 | a | 62 | b | 63 | c | 64 | d | 65 | e | 66 | f | 67 | g |
| 68 | h | 69 | i | 6A | j | 6B | k | 6C | l | 6D | m | 6E | n | 6F | o |
| 70 | p | 71 | q | 72 | r | 73 | s | 74 | t | 75 | u | 76 | v | 77 | w |
| 78 | x | 79 | y | 7A | z | 7B | { | 7C | \| | 7D | } | 7E | ~ | 7F | del |

## 1.2 ゲートと組合せ回路

　ここからコンピュータを構成する回路の話に入っていく．それは論理回路，ディジタル回路と呼ばれる分野で，どちらも原則的には 0 か 1 の 2 値を扱う回路である．前者と後者の違いは，後者のディジタル回路には，0 と 1 だけでは割り切れない話が含まれている．具体的には，直後に接続される回路を駆動するためのドライブ能力が足りず，0 と 1 が反転してしまったり，ゲートの微妙な遅延により動作が間に合わないといったことが起こり得る．すなわち，こういったときには，論理的には正しくても実際に回路として動作させるためには，多少のアナログ回路的な要素が必要となる．

　本書は，設計技術を学ぶためのものではなく，コンピュータシステム，特にプロセッサの動作原理を理解するためのものである．したがって，電子回路，電気回路の知識はそれほど必要とせず，できるだけ論理回路の範囲で理解できるように進めていく．

　その論理回路は，組合せ回路と順序回路の 2 種類に大別される．
- 組合せ回路：入力が変化すると出力も直ちに変化する回路
- 順序回路　：クロックと呼ばれる制御信号に歩調を合わせて動作する回路

ここから，いくつか回路を示していくが，理解を深めるために論理シミュレータを利用することを推奨する．フリーウェアの**論理シミュレータ**としては「らくらくロジック」があり，以下のサイトから無償でダウンロード可能である．
http://www.te-com.biz/delphi/rakuraku/LogicFrame.html

### 1.2.1 組合せ回路

　**組合せ回路**は文字通り，基本的な回路の組合せで構成されるものである．その組合せの仕方で，様々な機能を実現することができる．ここでは，演算回路を例にどのようにして，加算，減算を行う回路ができあがるのかを順を追って示していこう．実際に自分で回路を組んで，理解を確実なものにしてもらいたい．

**基本ゲート回路**　基本的な回路とは，論理積（**AND**），論理和（**OR**），否定（**NOT**），排他的論理和（**XOR**）といった基本論理ゲートと呼ばれるもので，その回路記号，動作を示す真理値表を図 1.3 に示す．これらの出力を反転させ，負論理で出力する NAND, NOR, XNOR 回路といったものもある．

## 1.2 ゲートと組合せ回路

本書では論理積（AND）は「・」，論理和（OR）は「+」，否定（NOT）は上線を信号名の上に付加することで表すこととする．また，排他的論理和（XOR）には「⊕」を用いる．

これらのゲートを，真理値表をもとに組み合わせて様々な回路を実現することができるが，詳細については，本ライブラリの『論理回路入門』に詳しく解説されているので，そちらを参照していただきたい．

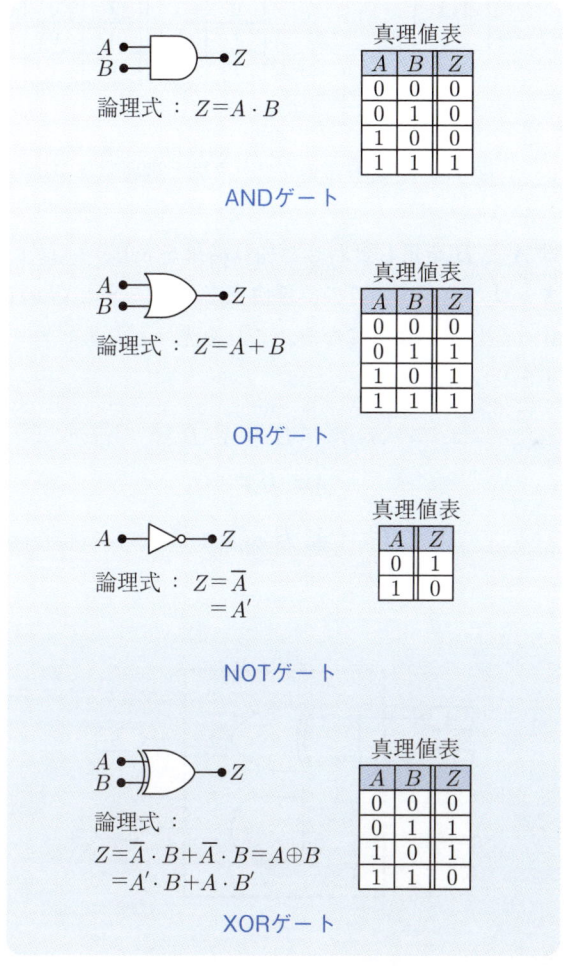

図 1.3 基本ゲートと真理値表

## 1.2.2 半加算器と全加算器

1 ビットの加算を行う回路を**半加算器**（half adder）と呼び，図 1.4 にその動作を示すブロック図と真理値表を示す．

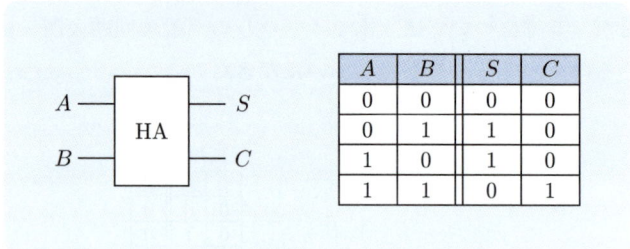

図 1.4　半加算器のブロック図と真理値表

ここで，$S$ は $A$ と $B$ を足し合わせた加算結果を表し，$C$ は 1 つ上のビットへの**桁上げ**（キャリ）を表す．この真理値表をもとに $S$ と $C$ の論理式を $A$ と $B$ を用いて表すと，以下のようになる．これを先ほどの基本ゲートを用いて表したものは図 1.5 となる．

$$S = \overline{A} \cdot B + A \cdot \overline{B}$$
$$= A \oplus B,$$
$$C = A \cdot B$$

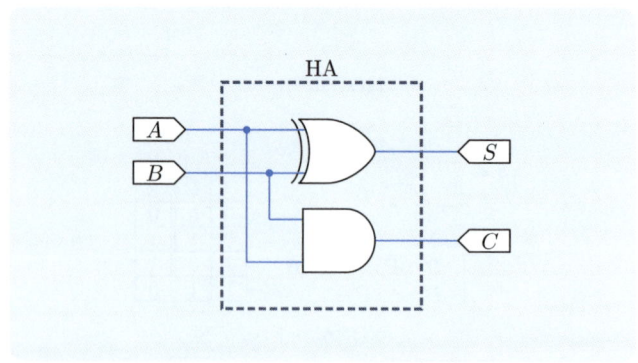

図 1.5　半加算器の内部回路図

## 1.2 ゲートと組合せ回路

この半加算器はこれだけでは1ビットの計算しかできない．そこで次に示す全加算器が登場する．**全加算器**（full adder）は，$A, B$ の他に $Ci$ という，下位ビットからの桁上げ入力がある．出力は $S$ と $Co$ であり，その動作を示すブロック図と真理値表は図1.6のようになる．

全加算器は半加算器を2つ用いて図1.7のように構成できる．

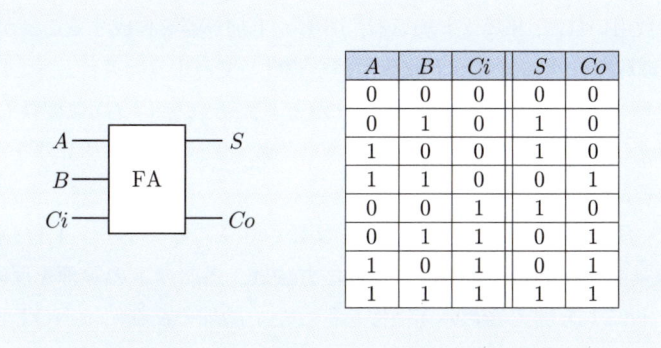

| $A$ | $B$ | $Ci$ | $S$ | $Co$ |
|---|---|---|---|---|
| 0 | 0 | 0 | 0 | 0 |
| 0 | 1 | 0 | 1 | 0 |
| 1 | 0 | 0 | 1 | 0 |
| 1 | 1 | 0 | 0 | 1 |
| 0 | 0 | 1 | 1 | 0 |
| 0 | 1 | 1 | 0 | 1 |
| 1 | 0 | 1 | 0 | 1 |
| 1 | 1 | 1 | 1 | 1 |

**図 1.6** 全加算器のブロック図と真理値表

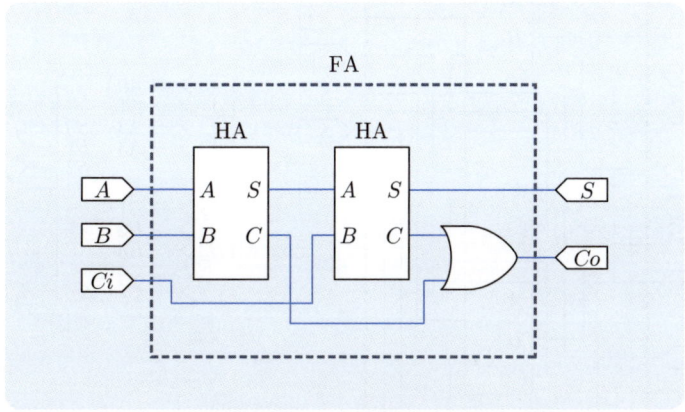

**図 1.7** 全加算器の内部回路図

### 1.2.3 4ビット演算器

**4ビット加算器** 全加算器を複数用いることで，複数ビットの加算器を構成できる．下位ビットの加算器の桁上げ出力 $Co$ を上位ビットの加算器の桁上げ入力 $Ci$ に接続する．こうして構成した4ビット加算器は図1.8のようになり，そのブロック図を右側に示す．これを1つだけ用いて4ビットの加算を行うには，最下位ビットの $Ci$ を0にするために接地する．全加算器と同様に，この4ビット加算器を複数用いれば，8ビット加算器，16ビット加算器を作成することができる．

**4ビット減算器** 次に4ビット減算回路を設計してみよう．$A - B = A + (-B)$ と式を変形すると，入力 $B$ が与えられたとき，それを $(-B)$ に変換し $A$ との加算を行えばよい．このようにすると前に作成した4ビット加算器をそのまま利用できる．

$B$ を $(-B)$ にするというのは符号を反転させることであり，1.1.2項で説明した2の補数を用いる．2の補数を取る方法は，各ビットの論理を反転させ最下位ビットに1を加えるという操作を行った．論理の反転にはNOT回路を用いればいいのであるが，最下位ビットに1を加えるのはどうすればいいだろう

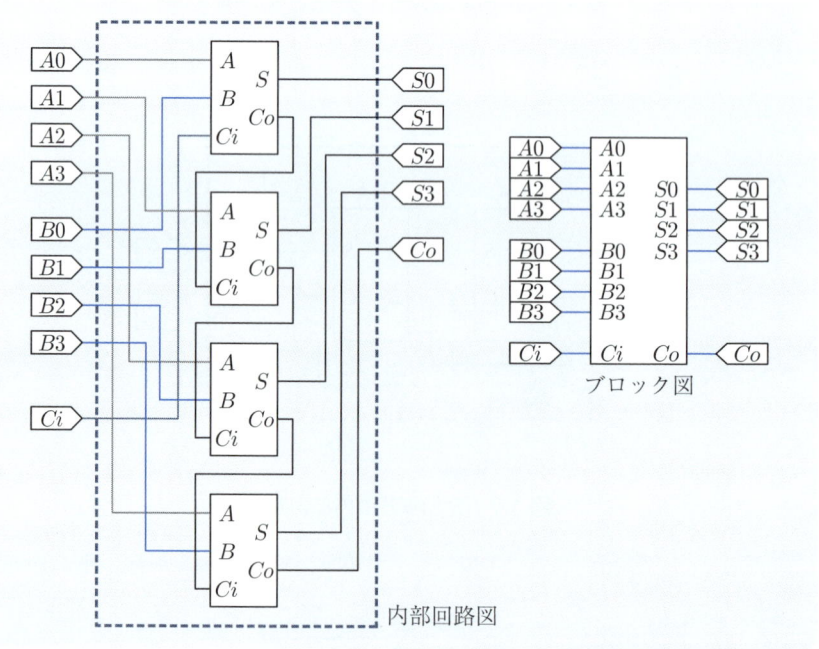

図 1.8　4ビット加算器の内部回路図とブロック図

か？ここで，4ビット加算器には下位からの桁上げ入力 $Ci$ があり，この入力に 1 を与えると最下位ビットに 1 が加わることになる．以上から，4 ビット減算器は図 1.9 のようになる．

**4 ビット加減算器**　次に 4 ビットの加算器と減算器を統合した 4 ビット加減算器を設計しよう．ここでは，加算か減算を選択する 1 ビットの $SW$ 入力により演算の種類を切り替えることとする．入力 $SW$ が 0 のときは加算，1 のときは減算を行うように設計しよう．

入力 $A$ は加算，減算で共通となるが，加算器の $B$ への入力が加算と減算で異なり，$SW$ が 0 の加算のときは $B$ の論理はそのままとなり，$SW$ が 1 のときは $B$ の論理を反転させることになる．これを真理値表で示すと，右のようになる．

| $SW$ | $B$ | 加算器への入力 |
|---|---|---|
| 0 | 0 | 0 |
| 0 | 1 | 1 |
| 1 | 0 | 1 |
| 1 | 1 | 0 |

この真理値表から，加算器への入力は，$A$ はそのまま，$B$ については入力 $SW$ と $B$ との排他的論理和を施したものとなる．$Ci$ への入力は，加算のときに 0，減算のときに 1 を入力するので，$SW$ をそのまま $Ci$ に接続すればいいことが分かる．以上をまとめると，4 ビット加減算器は図 1.10 のようになる．

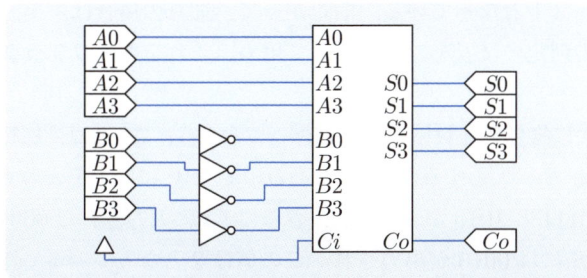

**図 1.9**
4 ビット減算器

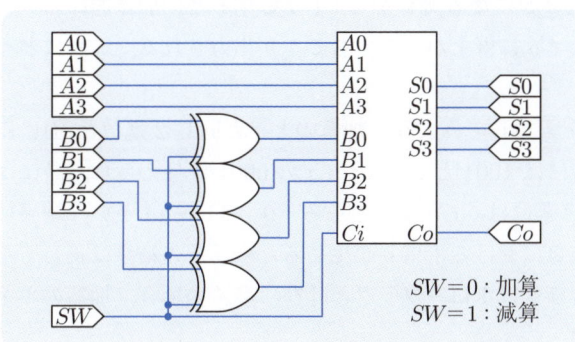

**図 1.10**
4 ビット加減算器

## 1.2.4 符号無し演算とキャリフラグ

加減算器を用いて 4 ビットで示される符号無し数値に対する演算を行ってみよう．ここでは自身の暗算能力を忘れること．

**符号無し数値の加算**　1.1.1 項の表 1.1 に示した 2 進数と 10 進数の変換表をもとに，$7+5$ の計算を行ってみる．この場合は，$A$ には 0111 を，$B$ には 0101 を入力し，加算であるので $SW$ を 0 に設定する．4 ビット加算器は，$A$ と $B$ の入力の加算を行い $S$ には 1100 が出力される．表 1.1 からこの値は 12 となり，$7+5=12$ という計算が正しくできた．

次に，$9+11$ の計算を行ってみよう．同様に 2 進数に変換して $A, B$ に入力すると，$S$ には 0100 が出力され，この値は 4 となる．しかし，$9+11=4$ としてしまうと間違いとなってしまう．暗算ができず，計算結果が分からないのであれば，$S$ に出力される答えが正しいものなのかどうかをどうやって判断するのだろうか．

そこで，もう一度図 1.10 の加減算器を見ると出力 $Co$ があるのが分かる．これは上位への桁上げ出力であるが，4 ビットに限定すると，これは 5 ビット目に桁が溢れたことを意味する．先ほどの $7+5=12$ では $Co$ は 0 であるが，$9+11=4$ の場合，$Co$ は 1 となっている．したがって，加算の場合は，出力された加算結果の正誤の判定に $Co$ をフラグとして用い，これを**キャリフラグ**と呼ぶ．

**符号無し数値の減算**　次に符号無し数値の減算を行ってみよう．$7-5$ は，加算のときと同じ 2 進数を $A, B$ に入力するが，減算であるので $SW$ には 1 を入力する．すると加算器には 0111 と 1010 が入力され，さらに $Ci$ に入力された 0001 が加わると，加算結果 $S$ には 0010 が出力され，この値は 2 となり $7-5=2$ の減算が正しく行われたことになる．しかし，$Co$ を見ると，加算器において上記の加算が行われると $Co$ に桁上がりが生じて 1 が出力される．これはどういうことだろうか．

では，$9-11$ の計算を入力してみよう．加算のときと同じ 2 進数と $SW$ に 1 を入力すると，加算器には 1001 と 0100 と $Ci$ の 0001 が与えられ，$S$ には 1110 が得られる．このときには，$Co$ は 0 となる．$9-11=14$ という結果は誤りであり，この場合減算における桁借りが生じるため，その結果は正しくない．減算の場合の判定フラグは**ボローフラグ**と呼び，多くの場合，加算のキャ

リフラグと統合して扱う．本書でもそのように，どちらもキャリフラグとして扱うことにする．

減算の場合，どうして $Co$ が加算と逆の動作をするのか考えてみよう．1.1.2項で述べたように，$B$ の2の補数 $B'$ は $B' = 10000 - B$ で表せる．これより

$$A - B = A + (-B) = A + B'$$
$$= A + 10000 - B = 10000 + (A - B)$$

となる．そして，$A - B$ において桁借りが生じない場合は，10000がそのまま残り，この最上位ビットが $Co$ として出力される．しかし，桁借りが生じると，この5ビット目の10000から借りることとなり，$Co$ は0となるのである．これが減算のときはキャリフラグの動作が加算とは逆になる理由である．

加算か減算を決めるのは $SW$ であった．したがって，キャリフラグ（$CA$）は以下の真理値表に示すような動作となる．これは $SW$ と $Co$ の排他的論理和（XOR）となり，$SW \oplus Co$ となる．

符号無し数値の加減算においてキャリフラグを付加した回路は図1.11となる．

| $SW$ | $Co$ | キャリフラグ（$CA$） |
|---|---|---|
| 0 | 0 | 0 |
| 0 | 1 | 1 |
| 1 | 0 | 1 |
| 1 | 1 | 0 |

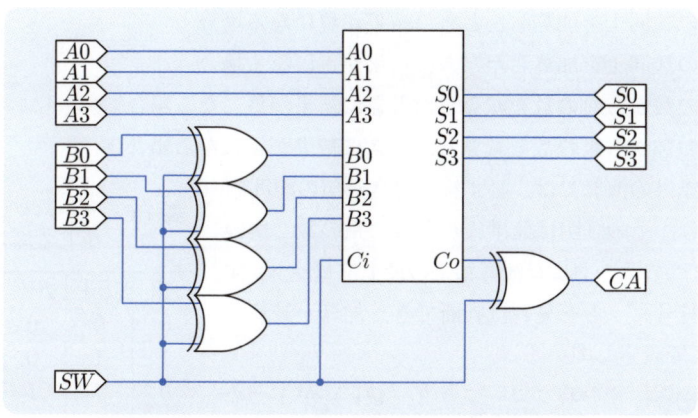

図 1.11　キャリフラグ付き4ビット加減算器

## 1.2.5 符号付き演算とオーバフローフラグ

次に符号付き数値の加減算を行おう．符号付き数値の範囲は表 1.2 より $-8$ から 7 までの範囲であることに注意すること．

まず，加算として $7+(-3)$ を考える．0111 と 1101 を $A$, $B$ に，$SW$ には 0 を入力すると，出力される結果は 0100 となり，10 進数では 4 となる．ここで，前に付加したキャリフラグは 1 になっていることに注意すること．では，$7+6$ はどうだろう？ 結果は 1101 となり $(-3)$ を示す．ここではキャリフラグは 0 である．

次に，減算である $3-5$ の結果は 1110 となり，答えは $-2$ である．その答えは正しいのであるが，キャリフラグは 1 である．また，$7-(-3)$ の結果は 1010 となり，$-6$ であるが，キャリフラグは 1 となる．この答えは正しくない．

以上から，符号付き演算ではキャリフラグは正誤の判断には役に立たないことが分かる．では，符号付き数値の加減算において，答えの正誤についてはどうやって判断すればいいのだろうか．

答えが正しくない場合というのは，$7+6=13$ や $7-(-3)=10$ のように，その計算結果が 4 ビット符号付き数値の取り得る $-8$ から 7 の範囲を超えてしまっている場合である．このように演算の結果，符号付き数値の範囲を超えてしまった場合を**オーバフロー**という．それを検出するのが**オーバフローフラグ**である．しかし，暗算ができないという仮定のため計算結果が分からないので，その結果が符号付き数値の範囲内に収まっているかどうかは判断できない．では，オーバフローはどのように検出するのだろうか．

オーバフローが生じるのは以下の 4 つのパターンのときだけである．

- 正の数同士を加算したときに結果が負になる場合
- 負の数同士を加算したときに結果が正になる場合
- 正の数から負の数を減算したときに結果が負になる場合
- 負の数から正の数を減算したときに結果が正になる場合

これ以外の演算では，必ず符号付き数値の範囲内に収まり，その証明は簡単に行える．正の数と負の数は，2 つの入力および演算結果の最上位ビット，すなわち符号ビットを見れば判断でき，加算か減算かは $SW$ で設定している．

以上から，オーバフローフラグ（$OV$）が 1 となる場合は表 1.6 となる．

表 1.6 オーバフローが生じる場合

| $A3$ | $B3$ | $SW$ | $S3$ |
|---|---|---|---|
| 0 | 0 | 0 | 1 |
| 1 | 1 | 0 | 0 |
| 0 | 1 | 1 | 1 |
| 1 | 0 | 1 | 0 |

これよりオーバフローフラグ（$OV$）の論理式は以下となる.

$$\begin{aligned}
OV &= \overline{A3} \cdot \overline{B3} \cdot \overline{SW} \cdot S3 + A3 \cdot B3 \cdot \overline{SW} \cdot \overline{S3} \\
&\quad + \overline{A3} \cdot B3 \cdot SW \cdot S3 + A3 \cdot \overline{B3} \cdot SW \cdot \overline{S3} \\
&= \overline{A3} \cdot S3 \cdot (\overline{B3} \cdot \overline{SW} + B3 \cdot SW) \\
&\quad + A3 \cdot \overline{S3} \cdot (B3 \cdot \overline{SW} + \overline{B3} \cdot SW) \\
&= \overline{A3} \cdot S3 \cdot \overline{(B3 \oplus SW)} + A3 \cdot \overline{S3} \cdot (B3 \oplus SW)
\end{aligned}$$

したがって，符号付き数値の加減算においてオーバフローフラグを付加した回路は以下の図 1.12 となる.

今ここで $-3-9$ という計算を考えてみよう．$-3$ は符号付き数値であり，1101 となる．9 は 4 ビットでは符号無し数値でしか表せず，1001 である．計算の結果は 0100 となり，キャリフラグ，オーバフローフラグはともに立たない．この場合結果は正しいものとなるはずである．しかし，$-3-9=4$ の計算は明らかにおかしい．どうしてこのような不可思議な事態になってしまったのだろうか．それは符号付き数値と符号無し数値を混合して計算したためである．プログラミング言語で signed と unsigned の数値を混合して計算してはいけないというのは，計算機がその答えの正誤の判断ができなくなるからなのである.

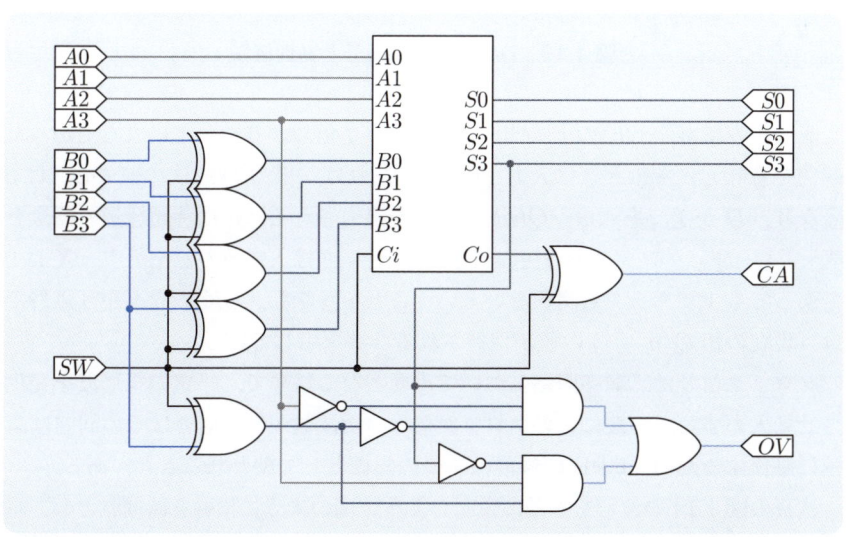

**図 1.12** キャリフラグ・オーバフローフラグ付き 4 ビット加減算器

# 1.3 順序回路とステートマシン

　ここでは，論理回路におけるもう一方の重要項目である**順序回路**について説明する．順序回路では，入力のみにより出力が変化する組合せ回路とは異なり，入力が変化しても，**クロック入力**が変化しない限り出力には変化が現れない．順序回路の基本は RS フリップフロップである．その他，JK フリップフロップや T フリップフロップなど，フリップフロップには何種類か存在するが，これらの詳細は本ライブラリの『論理回路入門』を参照していただきたい．

### 1.3.1　D フリップフロップとタイミングチャート

　D フリップフロップ（D-FF）の回路記号とその動作を示す真理値表を図 1.13 に示す．入力 $D$ とクロック入力（$CK$）に対し，出力は $Q$ と $\overline{Q}$ となる．$\overline{Q}$ は $Q$ を反転させたものである．

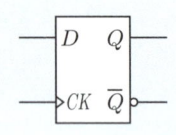

図 1.13　D-FF の回路記号と真理値表

　真理値表にある $CK$ の上矢印↑は，クロック信号が 0 から 1 に立ち上がった瞬間を意味し，そのときに入力 $D$ が 0 であれば，出力 $Q$ の次の値 $Q(n)$ は 0 となり，$D$ が 1 であれば，$Q(n)$ には 1 が出力される．$n$ は時間経過の概念を表し，$Q(n)$ はクロック入力後の値を，$Q(n-1)$ は入力前の値を示す．$X$ は 0 であっても 1 であっても関係ないということを意味し，$CK$ の立上がり以外では，現在の値 $Q(n-1)$ の値が保持されることを示している．

　クロック信号は，順序回路において重要となる信号で，一定の矩形波を発生させて入力する．一般にこのクロック信号の周波数が高い場合はその回路は高速に動作するため，CPU の性能の 1 つの指標として使われることがある．

　次頁の図 1.14 の波形をもとに説明しよう．図のように横軸を時間軸とし，時

## 1.3 順序回路とステートマシン

間の経過とともに信号の変化を示したものを**タイミングチャート**と呼ぶ．このタイミングチャートは，順序回路を理解する上で非常に有益となるものである．しかし，時間の経過を追っていく作業に最初は慣れず，大きな壁となる．後の章で解説するプロセッサといった大規模で複雑なディジタル回路では，ク

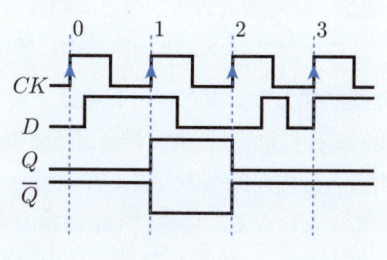

図 1.14　D-FF のタイミングチャート

ロック信号の進行とともに多数の信号が変化していく．その動作確認にはタイミングチャートをしっかりと目で追って行ける力が必要となる．

クロック信号 $CK$ の 1 つ目の立上がり（ステージ 0）時点では入力 $D$ の値は 0 であるので，出力 $Q$ には 0 が，$\overline{Q}$ には 1 がセットされる．次のステージ 1 の立上がりでは，$D$ の値が 1 となっているため，$Q$ には 1 がセットされ，ステージ 2 では再び $Q$ には 0 がセットされる．ステージ 2 からステージ 3 の間に $D$ の値が変化しているが，$CK$ の立上がり時とは関係のない変化であるため，出力には影響なく，$Q$ は 0 のままとなる．ステージ 3 では $D$ が 1 に変化しているが，$CK$ の立上がり直前では，$D$ の値は 0 であるので，この場合も $Q$ には 0 がセットされる．以上のように出力 $Q$ および $\overline{Q}$ が，常に $CK$ の立上がりに合わせて，$D$ の値により出力値が変わるのである．

**D フリップフロップによる分周回路**　D-FF を図 1.15 のように接続すると，$Q$ および $\overline{Q}$ の出力波形は右に示すようなタイミングチャートとなる．$D$ には $\overline{Q}$ が入力されているため，クロック信号 $CLK$ の立上がりのたびに出力 $Q$ が変化することとなる．結果として，出力の周期は元のクロック周期の倍となり，周波数は半分となる．このような回路を**分周回路**と呼ぶ．

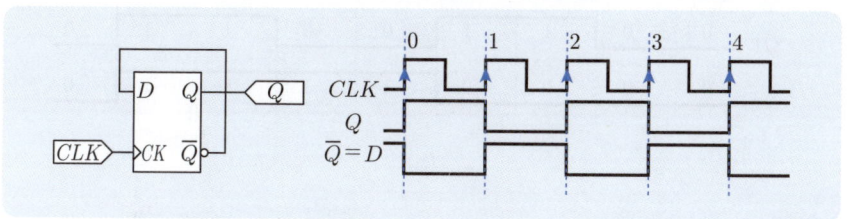

図 1.15　D-FF による分周回路と出力波形

## 1.3.2 非同期式カウンタと同期式カウンタ

ここでは，カウンタ回路を例に順序回路の応用について説明する．

**非同期式カウンタとゲート遅延** 前項で示した分周回路の出力 $\overline{Q}$ を，図 1.16 (a) に示すように，次段の分周回路の入力 $CK$ に接続した回路を考える．$\overline{Q0}$ が次段の分周回路への入力 $CK$ となっているため，$Q1$ は $Q0$ の立下りで変化することになる．同様に $Q2$ の出力も $Q1$ の立下りで変化する．

以上から，$Q0, Q1, Q2$ の出力波形のタイミングチャートは図 1.16 (b) のようになる．

$Q2$ を MSB とした 2 進数として見ると，000, 001, 010, ... と順に数値が増加し，111 まで達した次のクロックで 000 に戻る．このように数値をカウントする回路を**カウンタ回路**と呼び，この場合 3 ビットで構成されて 0 から 7 までカウントするので，**3 ビット 8 進カウンタ**と呼ぶ．

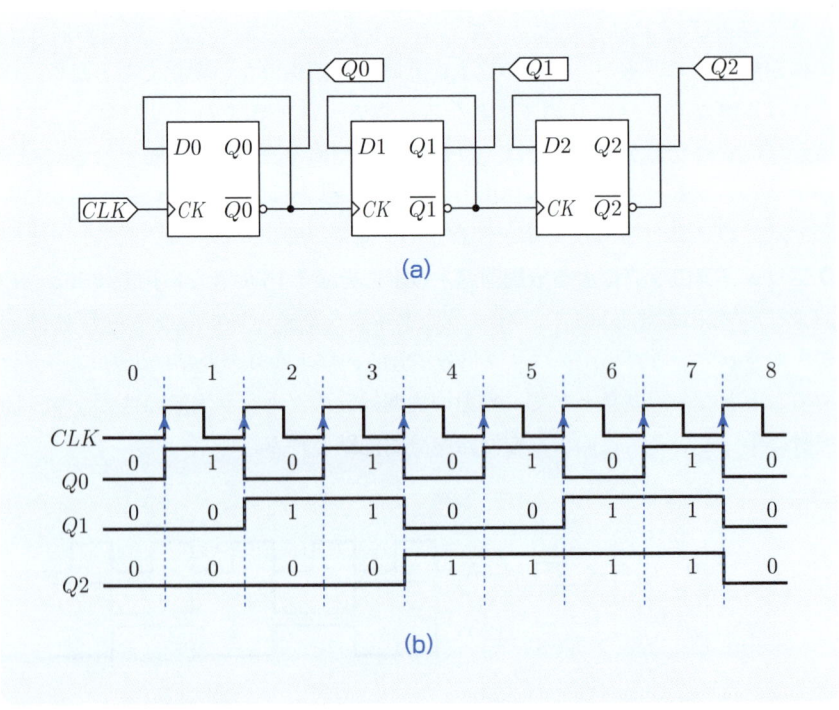

図 1.16　3 ビット 8 進カウンタと出力カウント波形

## 1.3 順序回路とステートマシン

　これまでのタイミングチャートでは，クロック信号 $CLK$ の立上がりと同時に $Q$ と $\overline{Q}$ が変化しているように見えていたが，実際のディジタル回路，IC や LSI ではクロックの立上がりから若干の時間遅れが生じた後に出力が変化する．これを**ゲート遅延**と呼び，半導体のプロセス技術に依存するが，半導体内では数十 p（ピコ）秒から数百 p 秒，半導体外では数 n（ナノ）秒といった極めて小さな値である．

　しかし，この遅延が積み重なってクロック周期の時間を超えてしまうと，回路が正しく動作しなくなる．この遅延を考慮したタイミングチャートを図 1.17 に示す．

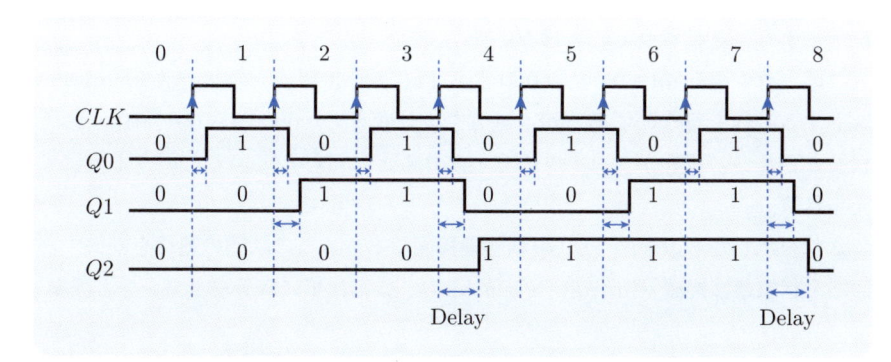

**図 1.17** 非同期カウンタ回路のゲート遅延の蓄積

　このように段数が増えるに従って後段に蓄積される遅延は無視できなくなり，本来のカウンタとしての値以外のカウント値を出力してしまうことになる．

　このようにゲート遅延が蓄積される原因は，各 D-FF へのクロック入力が単一ではなく，異なる信号が $CK$ に入力されていることによるもので，このようにクロック信号の歩調が合っていない回路を**非同期回路**という．非同期回路は遅延の影響が少ない低速な回路では利用できるが，数百 MHz や数 GHz といった超高速な LSI を実装する上では，正しく動作する回路は設計できない．論理的には正しくても，時間的な要素が絡まって回路が正しく動作しない場合は，製品であれば会社に大きな損害を与える．また，生命に関わる悲惨な事故を引き起こすこともあり得る．

**同期式カウンタと状態遷移**　非同期回路に対するものとして，全ての D-FF に共通のクロック信号を与えるものが**同期回路**である．前に示した 8 進カウンタと同じ動作を行う同期式 8 進カウンタの論理式は以下のようになり，その回路図を図 1.18 に示す．その設計方法については他書に譲ることにする．

$$D0 = \overline{Q0}, \quad D1 = Q1 \oplus Q0,$$
$$D2 = \overline{Q0} \cdot Q2 + Q1 \cdot Q2 + Q0 \cdot Q1 \cdot \overline{Q2}$$

非同期式回路と異なり，同期式回路ではクロック信号が全ての D-FF に共通に与えられている．したがって，全ての D-FF の出力に現れる遅延はクロック信号の立上がりからの遅延のみであり，カウンタのビット数が増えても，図 1.19 に示すように蓄積されることはない．

このカウンタ回路について，000 から 111 まで 3 ビットの 2 進数を順にカウントする動作を行うのであるが，見方を少し変えて，000 から 001, 010, ... と 111 まで 8 つの状態がクロックの立上がりごとに遷移しているというように考えられる．

これを示したものが図 1.20 の**状態遷移図**であり，この状態の遷移を制御する回路を**状態遷移機械**（finite state machine），または単に**ステートマシン**と呼ぶ．

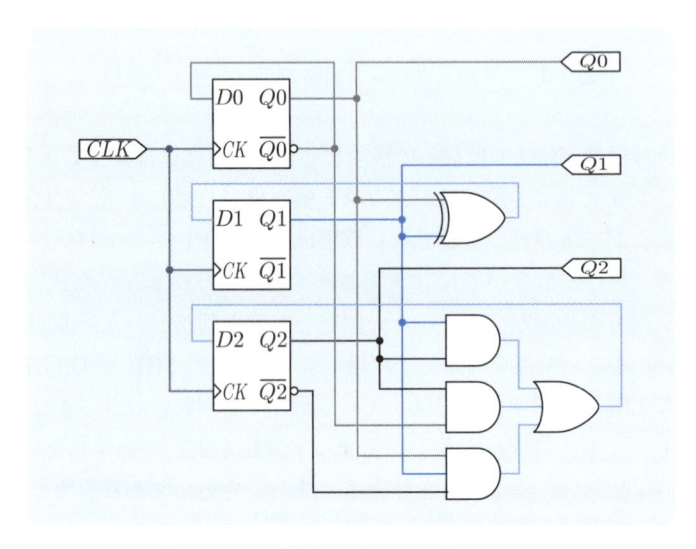

図 1.18　同期式 3 ビット 8 進カウンタ

## 1.3 順序回路とステートマシン

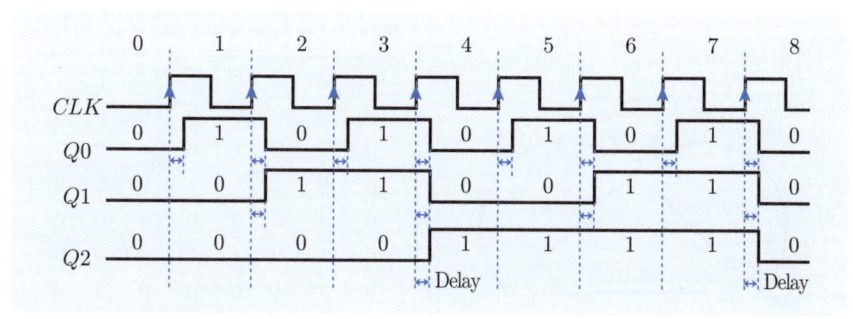

**図 1.19** 3 ビット 8 進カウンタと出力カウント波形

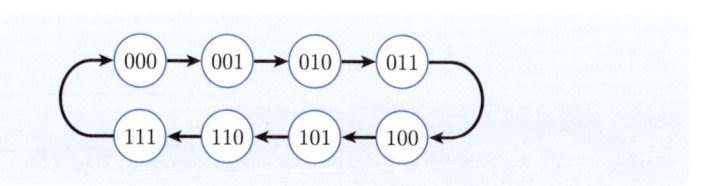

**図 1.20** 8 進カウンタの状態遷移図

この 8 進カウンタを表すステートマシンはクロック信号のみにより現在の状態であるカウント値が 1 つ増加した次の状態に遷移するのであるが，現在の状態と入力の値によって状態が遷移し，現在の状態とその入力値によって出力の値が決定されるステートマシンもある．以下に例を示そう．

**[例]** 100 円硬貨と 50 円硬貨のみを受け付け，150 円の 1 種類のみのうどんの食券を買うことができる自動販売機のステートマシンを設計してみよう．ただし，硬貨の投入口は 1 つのみであり，50 円，100 円硬貨は 1 つずつしか投入できない構造となっている．硬貨が投入されていない状態を $S_0$ とし，50 円投入，100 円投入という状態を，それぞれ $S_1$, $S_2$ とする．出力としては，食券を示す $T$ と，お釣りを表す $C$ がある．

100 円硬貨投入を示すビットを $H$，50 円硬貨投入は $F$ で表すものとし，状態遷移図では，その遷移を示す矢印上に $HF/TC$ として示す．例えば，10/10 とあれば，100 円硬貨が投入されたときに，食券が出てきて，お釣りは出てこないことを示す．この状態遷移図は図 1.21 のようになる．

この状態遷移を制御するステートマシンの設計を考える．ここで 3 つの状態 $S_0$, $S_1$, $S_2$ は 2 ビットで表現でき，これを $Q_1$, $Q_0$ により示し，$S_0$ には $Q_1 Q_0 = 00$，$S_1$ には

表 1.7 自動食券販売機の状態遷移表

| $Q_1$ | $Q_0$ | $H$ | $F$ | $Q_1'$ | $Q_0'$ | $T$ | $C$ |
|---|---|---|---|---|---|---|---|
| 0 | 0 | 0 | 0 | 0 | 0 | 0 | 0 |
| 0 | 0 | 0 | 1 | 0 | 1 | 0 | 0 |
| 0 | 0 | 1 | 0 | 1 | 0 | 0 | 0 |
| 0 | 1 | 0 | 0 | 0 | 1 | 0 | 0 |
| 0 | 1 | 0 | 1 | 1 | 0 | 0 | 0 |
| 0 | 1 | 1 | 0 | 0 | 0 | 1 | 0 |
| 1 | 0 | 0 | 0 | 1 | 0 | 0 | 0 |
| 1 | 0 | 0 | 1 | 0 | 0 | 1 | 0 |
| 1 | 0 | 1 | 0 | 0 | 0 | 1 | 1 |
| 1 | 1 | $X$ | $X$ | $X$ | $X$ | $X$ | $X$ |
| $X$ | $X$ | 1 | 1 | $X$ | $X$ | $X$ | $X$ |

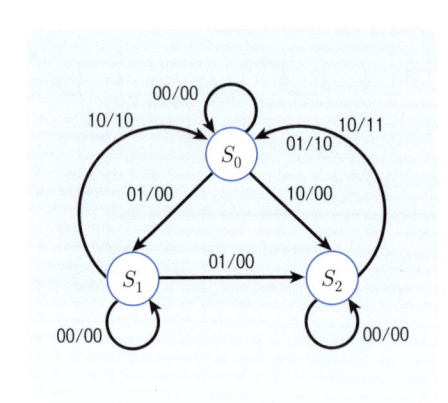

図 1.21 自動食券販売機の状態遷移図

$Q_1Q_0 = 01$, $S_2$ には $Q_1Q_0 = 10$ を割り当て，次の状態を $Q_1'Q_0'$ で表す．作成した状態遷移図をもとに，状態遷移表を作成すると表1.7のようになる．ここで $Q_1Q_0 = 11$ という状態は存在しないため，$H$, $F$ が何であっても，次の状態や出力は考える必要は無く $X$ で表す．また，硬貨は同時に投入できないため，$H$ と $F$ がともに1の場合も考える必要はない．

後はこの状態遷移表に基づいて回路設計が可能であり，ステートマシンができあがる． ○

ここでは簡単な自動販売機を例にステートマシンを示したが，プロセッサの場合はどうなるだろうか？ 実は原理はこれと全く同じとなる．硬貨に相当するものが，そのプロセッサが実行する命令であり，状態はプロセッサの内部状態となる．出力は，メモリやレジスタといったプロセッサの内部や周辺のコンポーネントへの制御出力となるのである．もちろん，プロセッサの場合は状態も上記のような3状態ではなく，もっと多くの状態があり，出力信号も多数必要となるが，1つずつ整理すれば，それほど難しいものではない．

次章で，これから理解するプロセッサの命令などについて学んだ後に，実際にその命令を実行するプロセッサの内部の設計と動作解析に入っていく．

# 1.4 外部装置とプロセッサ間の入出力（I/O）

### 1.4.1 外部装置とプロセッサ間の入出力の概要

CPU はメモリとペアで利用するだけでは汎用的な動作を実現することは不可能である．マウス，キーボード，モニタ，ハードディスクなどの外部装置を利用することで，はじめて高度情報化社会を支える基礎的な機器として利用することができる．

フォン・ノイマンアーキテクチャの最低限の構成要素（CPU とメモリの 2 種類）で構成されたコンピュータと，この構成で外部装置を接続したコンピュータで，何ができるようになるのかを図 1.22 に示す．

図 1.22 (a) が CPU とメモリのみで構成された場合の概要である．この構成では，メモリに格納されたプログラムを CPU が実行し，その実行結果をメモリに格納することになる．このとき，どのようにしてメモリにプログラムを格納するのか，どのようにプログラムの実行結果を確認するのかが課題になる．通常，メモリの中で何が行われているかは目に見えない．プログラムの格納については，**ROM ライタ**と呼ばれる機器を使って不揮発メモリに直接命令を書き込むなどの方法がある．昔は，**パンチカード**と呼ばれる紙媒体を使ってプログラムをコンピュータに登録していた．そのプログラムの実行結果の確認については，実行結果を表示するためのランプなどを接続して，数値を保持する CPU 内のメモリであるレジスタの値を表示するなどの手段がある．しかしながら，プロセッサを起動する電力とランプを起動する電力には大幅な差があったため，容易に接続することは難しいといった問題があった．

図 1.22 (b) が，外部装置が利用可能な場合に，どのようなことができるようになるのかを示している．まず，メモリに格納されているプログラムを実行できる点は，前述の CPU とメモリのみの構成と同様である．プログラムで外部装置を制御する命令を記述することで，外部装置と連携した高度な処理を可能とする．外部装置の代表例として，図 1.22 では入力装置，出力装置，外部記憶装置を挙げた．**入力装置**とは，機器に対して様々な情報を入力することができる装置であり，文字列や記号などを入力できるキーボード，ディスプレイ上の座標値を入力することができるマウスなどのポインティングデバイスが代表例

である．入力装置を利用することで，プログラムのメモリへの入力，プログラム実行中にプログラムとユーザの対話的な操作が可能となる．**出力装置**は，情報を視覚的に提示することができる装置であり，液晶モニタやプリンタなどがある．液晶モニタはプログラムの実行の様子や実行結果を確認することができる．プリンタは，従来はプログラムの実行結果などを紙媒体に印刷するものであるが，最近は物体を三次元で形造る 3D プリンタも登場してきた．**外部記憶装置**は，主にメモリに格納しきれないサイズのデータを保持する．メモリと異なり，一般に電源が供給されていない状態でも情報を保持し続けることができる．また，マイクロプロセッサやメモリおよび外部デバイスで構成されるコンピュータ用の**基本ソフトウェア**（**OS**：Operating System）や，第 5 章で述べる仮想記憶のためのページを格納するという重要な役割も持っている．

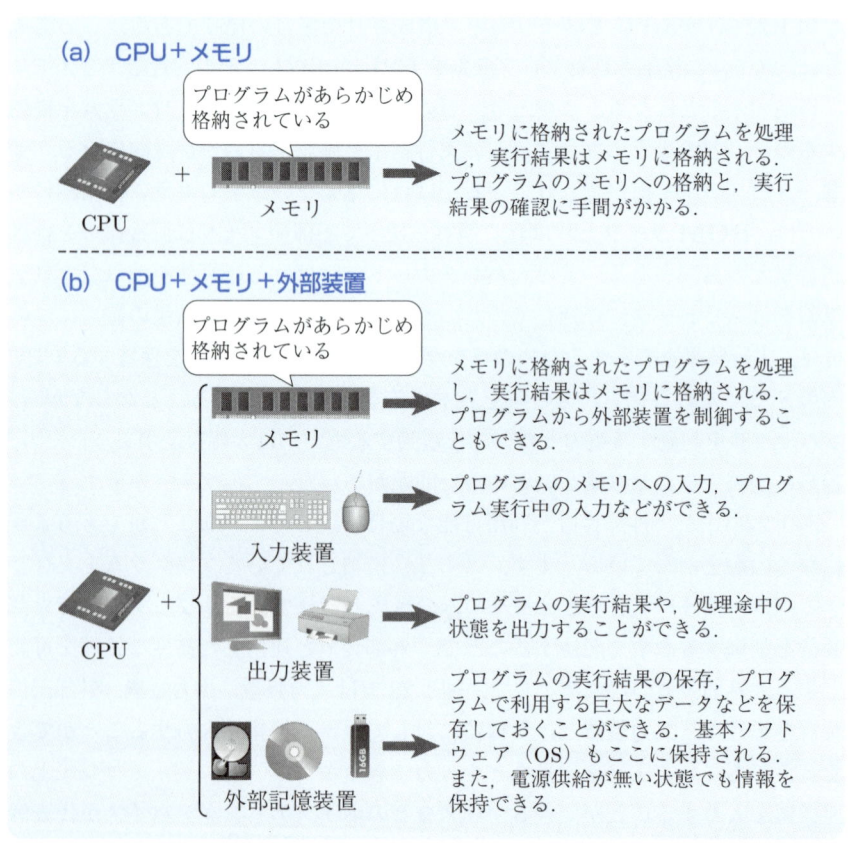

図 1.22 外部装置を接続した構成のコンピュータでできること

### 1.4.2 バスとインタフェースコントローラ

　コンピュータはCPUとメモリ以外の外部装置と連携することで，様々な処理を行うことができるようになる．では，世の中には様々な外部装置が存在しているが，それらをマイクロプロセッサではどのような仕組みや技術で利用可能にしているのだろうか．その答えは「バス」や「インタフェースコントローラ」にある．

　**バス**とは，図1.23に示すように，CPUやメモリおよび外部装置を接続するための複数の信号線による配線である．装置間で情報をやり取りするための伝送路として利用される．このバスに一部の外部装置を接続することで，CPUは様々な外部装置を利用できるようになる．ここで問題になるのが，どのような外部装置がいくつバスに接続されているのかはコンピュータシステム次第であること，それぞれの外部装置の通信速度も装置次第であることである．そのためバスは，接続された装置を識別するアドレス情報をやり取りする**アドレスバス**，データそのものをやり取りする**データバス**，装置にコマンドを発行して制御する**コントロールバス**（制御バス）の3種類のバスで構成されている．それぞれの外部装置には，**インタフェースコントローラ**という，CPUと外部装置の仲介をする装置が利用される．インタフェースコントローラは，CPUと外部装置の起動電圧，データの通信速度，それぞれの機器の内部的な情報表現の形式の違いといったものの差異を吸収するためのものである．インタフェースコントローラには，キーボードとの仲介をするキーボードコントローラ，モニタとの仲介をするグラフィックコントローラなど，機器によって様々なコントローラが存在している．かつては，それぞれのインタフェースコントローラにつき1つの大規模集積回路（LSI）を利用していた．最近では，回路の集積度の向上により，複数のインタフェースコントローラを1つのLSIに搭載できるようになってきている．

　バスの制御や複数のインタフェースコントローラを利用可能にするためのLSIを**チップセット**と呼ぶ．チップセットは，CPUやメモリおよび外部記憶装置から構成されるコンピュータでは，それぞれの装置をつなぐ役割を持ったものである．チップセットを用いたPC内部の構成は，技術の進歩により徐々に，時にドラスティックに変化している．まず，チップセットが2つ構成の場合の内部構成を図1.24に示す．チップセットは，CPUの近くに配置され高速な通信が可能なノースブリッジと，ノースブリッジを介してCPUと接続されるサウス

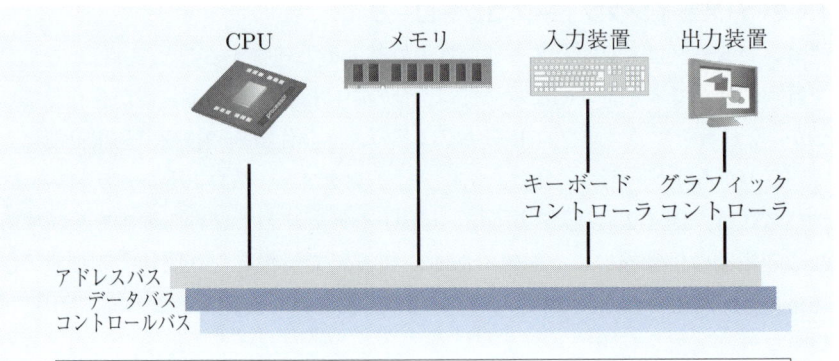

**34**　第1章　コンピュータアーキテクチャのための基礎知識

```
CPU　　　メモリ　　　入力装置　　出力装置

                          キーボード　グラフィック
                          コントローラ コントローラ

アドレスバス
データバス
コントロールバス
```

> バスは3つの要素で構成
> ・アドレスバス　　：通信する外部デバイスのアドレスを指定するためのバス
> ・データバス　　　：データを通信するためのバス
> ・コントロールバス：アクセスタイミングの設定などの制御情報を通信する
> 　　　　　　　　　　ためのバス
> 外部装置（入力・出力・記憶装置など）は，コントローラを介してバスに接続

図 1.23　バスとインタフェースコントローラ

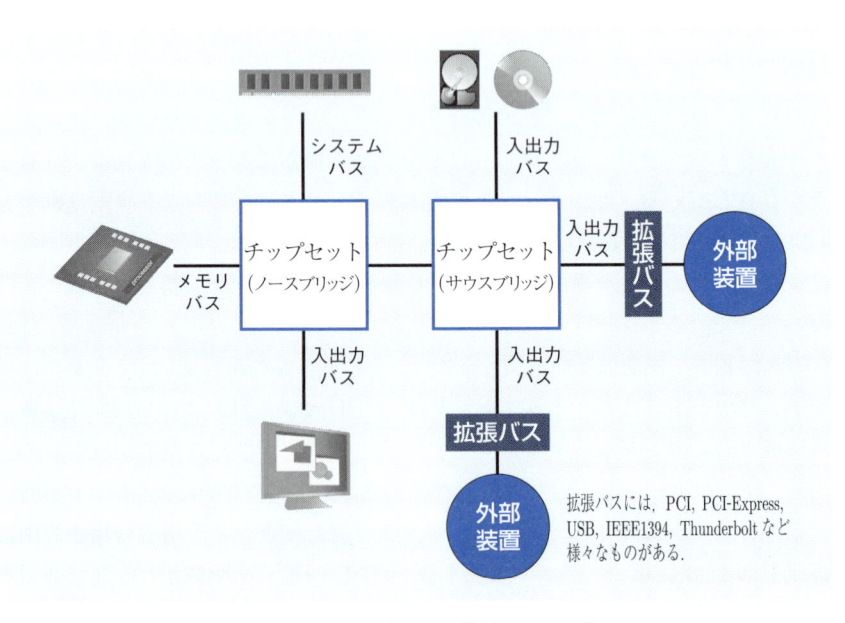

```
                システム　　　　入出力
                バス　　　　　　バス
                                        入出力
                チップセット　チップセット　バス　　拡張バス　　外部装置
        メモリ  （ノースブリッジ）（サウスブリッジ）
        バス
                入出力　　　　入出力
                バス　　　　　バス
                                        拡張バス

                                        外部装置
```

拡張バスには，PCI, PCI-Express, USB, IEEE1394, Thunderbolt など様々なものがある。

図 1.24　2つのチップセット構成のコンピュータ

## 1.4 外部装置とプロセッサ間の入出力 (I/O)

ブリッジに分かれた構成である．ノースブリッジは CPU に依存する処理を行う場合の入出力を，サウスブリッジは CPU に依存しない処理を担当している．

CPU や周辺技術の進化に伴い，サウスブリッジの機能がノースブリッジに吸収されはじめ，2 つのチップセットを利用していた構成は，1 つのチップセットに統合されるようになってきた．その構成を図 1.25 (a) に示す．

さらに CPU や周辺技術が進化することで，CPU 内部にインタフェースコントローラが搭載されるようになってきた．その構成を図 1.25 (b) に示す．CPU にインタフェースコントローラが搭載されることで，高速なデータ通信が求められるグラフィック機能を CPU だけで利用できるといった利点がある．最近のコンピュータは，このような構成を採っているものが多い．

(a) チップセットにインタフェースコントローラが内蔵

(b) CPU に一部のインタフェースコントローラが搭載

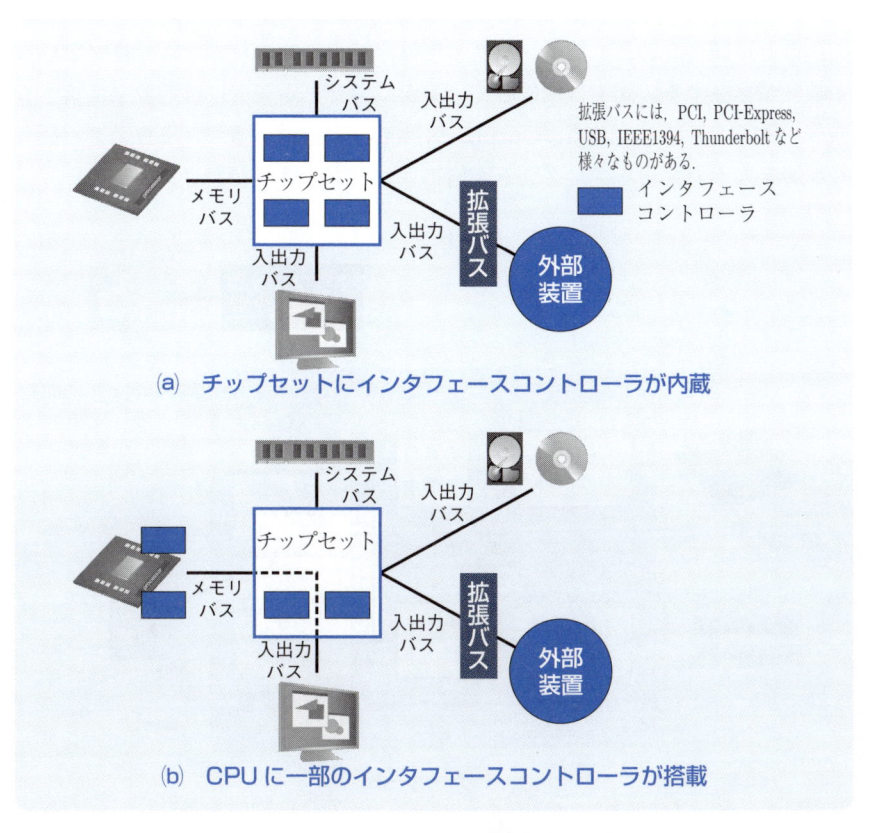

図 1.25　1 つのチップセット構成のコンピュータ

## 1.4.3　マザーボードと様々なバス

　コンピュータシステムを構成する場合，CPUやメモリおよび外部装置を，チップセットやバスと接続する必要がある．これらを簡単に接続するための電子回路基板が多くのベンダから提供され，**マザーボード**（Motherboard）や**メインボード**（Mainboard）と呼ばれ，CPUやメモリインタフェースの進化とともに発展していった．これらと異なる名称を使っている企業もある．

　マザーボードは，チップセットとバスが直接搭載された電子回路基板である．この基板上に，様々な装置を接続するためのソケットも搭載されている．コンピュータは，チップセットが扱える装置を基板上のソケットに装着していくことで構成される．マザーボードの概要を図1.26に示す．CPUソケットにはCPUを，メモリソケットにはメモリを，そして外部装置用のソケットには様々な外部装置を接続することになる．ソケットは，拡張バスの仕様により様々な形状や特性が存在する．図では割愛しているが，マザーボードには電源を供給する機能，**BIOS**（Basic Input/Output System）と呼ばれるハードウェアの最も基本的な入出力を司るプログラムが格納されたROMも搭載されている．

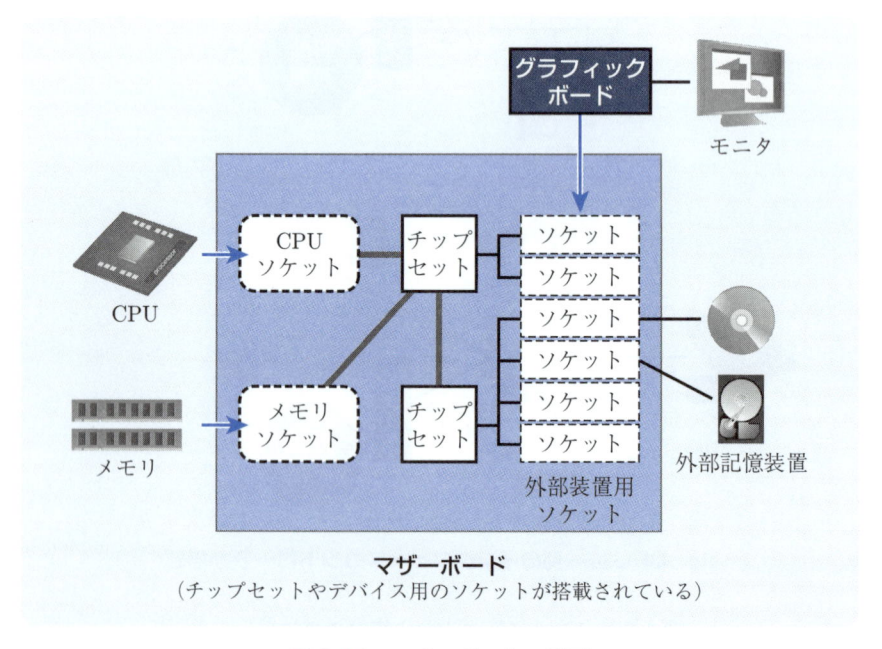

**図 1.26**　マザーボードの概要

## 1.4 外部装置とプロセッサ間の入出力（I/O）

次に，様々ある拡張バスのうち，代表的なものとその特徴を表 1.8, 1.9 に示す．他にも多くの拡張バスが存在するが，近年で利用されているものを中心に抜粋した．

表 1.8 代表的なバスとその特徴 (1)

| | IDE | シリアル ATA (SATA) | AGP |
|---|---|---|---|
| 代表的な接続機器 | ハードディスク，DVD ドライブなど | ハードディスク，DVD ドライブなど | グラフィックカード |
| 接続速度 | 3.3〜166 MB/s | 150〜600 MB/s | 266〜2133 MB/s |
| 規格名称 | ATA33, 66, 100, 133 | SATA1, 2, 3 | AGPx1, AGPx4, AGPx8 |
| その他の特徴 | 主に外部記憶装置を接続するための規格であり，1つの IDE ソケットに対応機器を2台接続できる．80芯40pinのコネクタ形状を持つ．この多くのピンでデータを並列（パラレル）に送信することで高速性を実現している．しかしながら，データの並列送信では速度向上に限界が見えてきたため，現在は外部記憶装置の接続はシリアル ATA に移行しつつある． | 主に外部記憶装置を接続するための規格であり，現在の外部記憶装置を接続するための主流規格である．IDE と異なり 7pin という少ないコネクタ数で利用できる．データは1本のバスを使って逐次的に送信するシリアル通信を採用している． | AGP とは Accelerated Graphics Port の頭文字であり，グラフィックカード用の拡張バスの規格である．現在は，後述する PCI Express x16 を利用するものが主流になっている．また，モニタへの出力機能が実装された CPU も増えてきている． |

表 1.9 代表的なバスとその特徴 (2)

| | PCI | PCI Express (PCIe) | USB |
|---|---|---|---|
| 代表的な接続機器 | ネットワークインタフェース，サウンド，TV チューナー，SCSI，USB カードなど | グラフィックカード，ネットワークインタフェース，サウンドカードなど | キーボードなどの入力機器，外部記憶装置，ネットワークインタフェース，サウンド，プリンタなどの出力装置，他多数 |
| 接続速度 | 133〜533 MB/s | 500〜8000 MB/s | 1.5〜640 MB/s |
| 規格名称 | PCI（バス幅（32/64 bit）とクロック周波数（33/66 MHz）の組合せ） | PCI Express 1.1, 2.0, 3.0（レーン数の違いにより，x1, x4, x16 などがある） | USB 1.1, 2.0, 3.0 |
| その他の特徴 | デスクトップ PC 用の拡張カードを挿すための規格であり，様々な機能を付与することができる．サーバ用途では高いバス幅とクロック周波数が必要になるため，PCI-X という拡張規格もある．かつては，PC に機能（通信や音楽再生など）を追加するために利用されていたが，近年ではマザーボードにあらかじめ様々な機能が搭載されており，利用機会は減っている． | AGP や PCI に比べて転送速度が高速であることが特徴．最近の PC の拡張スロットとして主流になっている．シリアル通信を採用している．レーンと呼ばれる伝送路の数の違いにより，x1, x4, x16 のような違いがある．レーンを複数束ねるほど転送速度は高速になる．そのため，グラフィックカードのような転送速度を要求される場合に x16 が利用される場合が多い． | Universal Serial Bus の頭文字を取ったもの．端子の形状が小さいことから，デスクトップ PC だけでなく，ノート（ラップトップ）PC やスマートフォンなどにも搭載されている．USB 1.1 は転送速度が低いため利用できる機器が少なかったが，2.0 から 3.0 と性能が向上していくことで，様々な外部機器を接続できるようになってきている．USB は外部装置への給電機能を備えている点も特徴である． |

# 演習問題

### 整数の基数変換

☐ **1.1** 以下の 10 進数の数値を 2 進数に変換せよ.
(1) 255　　　　(2) 2020

☐ **1.2** 以下の 2 進数の数値を 10 進数に変換せよ.
(1) 1100101　　(2) 10011110010

☐ **1.3** 以下の 2 進数の数値を 16 進数に変換せよ.
(1) 1100101　　(2) 10011110010

☐ **1.4** 以下の 16 進数の数値を 2 進数に変換せよ.
(1) EF　　　　(2) 1234ABCD

### 小数点数の基数変換

☐ **1.5** 以下の 10 進数の小数点を持つ数値を 8 ビットの 2 進数に変換せよ.
ただし,小数点の位置は 8 ビットの中心にあるものとする.
(1) 9.375　　　(2) $-5.4$

☐ **1.6** 以下の符号付き 2 進数と 16 進数の数値を 10 進数に変換せよ.
(1) 1100.1010　(2) E.B

### 浮動小数点数

☐ **1.7** 以下の 32 ビットの 16 進数の数値を IEEE754 規格の単精度数値として 10 進数に変換せよ.
(1) 436C0000　(2) BF600000

### 符号無し数値の加減算とフラグ

☐ **1.8** 以下の 4 ビット符号無し演算が 10 進数でどのような計算を行っているのかを考え,設計したキャリフラグ付き加減算回路に入力して,そのフラグの結果から,その正誤について考えよ.
(1) $1011 + 0011$　(2) $1101 - 1111$

☐ **1.9** 以下の 10 進数符号無し数値の演算を,設計したキャリフラグ付き加減算回路に入力して,そのフラグの結果から,その正誤について考えよ.
(1) $6 - 2$　　　(2) $12 + 5$

## 符号付き数値の加減算とフラグ

☐ **1.10** 以下の4ビット符号付き演算が10進数でどのような計算を行っているのかを考え，設計したオーバフローフラグ付き加減算回路に入力して，そのフラグの結果から，その正誤について考えよ．

(1) $1011 + 0011$　　(2) $1101 - 1111$

☐ **1.11** 以下の10進数符号無し数値の演算を，設計したオーバフローフラグ付き加減算回路に入力して，そのフラグの結果から，その正誤について考えよ．

(1) $4 - 7$　　(2) $-4 + 5$

## D-FF とカウンタ回路

☐ **1.12** カウンタは基本的には，最下位ビットが1ずつ増えていくものであるが，逆に1ずつ減っていくものを**ダウンカウンタ**と呼ぶ．非同期式3ビット8進ダウンカウンタを設計し，タイミングチャートを描け．

☐ **1.13** グレイコードとは，2進数を1ビット右にずらし（シフトし）て，MSBは0に，右に溢れたビットは捨て，そして元の2進数と排他的論理和（XOR）演算を行うことで得られる．例えば，10進数値の3は4ビット2進数で $0011_{(2)}$ である．右に1ビットシフトすると0001となり，元の0011とのXORは0010となる．また，10進数値の13は $1101_{(2)}$ であり，そのグレイコードは同様に1011となる．4ビット同期式グレイコードカウンタの状態遷移図を示し，回路を示せ．

> **コラム**　講義を行い，アンケートを取ると「講義中に演習問題を行って欲しい」という要望をよく聞く．どうしてそういう言葉が出てくるのか考えてみると，どうも演習問題を解ければ理解できたと思い込み，試験勉強も最短時間ですむように思っているのではないか．つまり，受講生の目的が単位を取ることになっている．
>
> 　先人が苦労の末に辿りついた叡智に触れることが学問であり，同じ道を辿るロマンを感じてもらいたい．そして，その理解の結果として試験の点数や成績評価が付いてくるのではないかと思う．その努力の蓄積から，新たな知見を生み出す研究へと発展していくのである．結果を安易に求めるような取り組み方をせず，なぜだろう？という疑問を常に抱きつつ，学問，研究，開発といったものに取り組んでいってもらいたい．　　　　　　　　　　　　　　　　　　　　　　　　　　　　　　　　○

# 第2章
# コンピュータの仕組みと機械語

　この章では，現在のコンピュータがどのような基本的な仕組みで構成されているかについて説明する．現在使われているコンピュータは，基本的にほとんど同じコンピュータアーキテクチャで構成されている．そのため，この基本を理解することでコンピュータがどのような動作原理で動いているのかを理解することができる．

| コンピュータの基本構成と
　　フォン・ノイマンアーキテクチャ
命令セットと命令フォーマット
RISC と CISC

# 2.1 コンピュータの基本構成とフォン・ノイマンアーキテクチャ

### 2.1.1 コンピュータの構成要素

コンピュータを構成する5大要素を図2.1に示す．コンピュータは**演算装置**と**制御装置**（CPUに相当），**記憶装置**（メインメモリ，ハードディスク，CDやDVD-ROM，USBメモリなど），**入力装置**（キーボード，マウス，マイク，カメラなど），**出力装置**（モニタ，プリンタ，スピーカなど）で構成され，それぞれの装置が**バス**で接続されている．記憶装置には，電源が入っているときにだけ情報を記録できる**主記憶装置**（**メインメモリ**）と，電源が入っていないときでも情報を記録し続けることができる補助記憶装置（ハードディスク，CDやDVD-ROM，USBメモリなど）の2種類に分かれている．

基本的な処理の流れとしては，入力装置からの入力信号を制御装置が受け取り，次に記憶装置に格納されているプログラムやデータをバスを通じて取得し，演算装置で処理してその結果を出力装置に出力する．実行するプログラム内容によっては，演算装置の処理結果を記憶装置（特に**補助記憶装置**）に記録する場合もある．

本章ではこれらのうち，特に演算装置・制御装置・記憶装置・バスの4種類の特徴について解説していく．

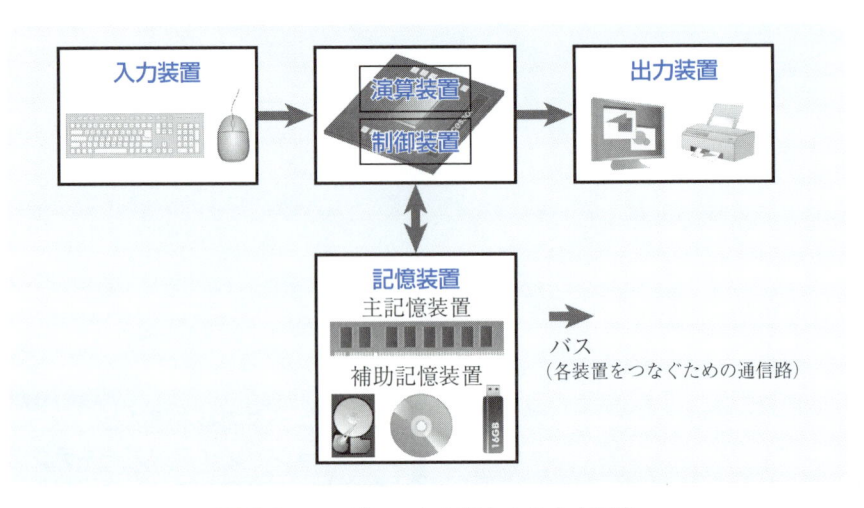

図 2.1 コンピュータを構成する5大要素

### 2.1.2 CPUとメインメモリ

中央処理演算装置（**CPU**：Central Processing Unit）は，コンピュータの頭脳に相当する．入力された情報を，ルールや手順（プログラム）に従って演算処理し，演算結果を出力装置や記憶装置に対して反映するのが役割である．

CPUの簡単な仕組みを図2.2に示す．CPU内部の主な構成要素は，**演算器**，**制御装置**，**レジスタ**の3つである．それぞれの特徴は次の通りである．

**演算器**　入力されたプログラムを解釈・実行する部分．制御装置によってその動きをコントロールされる．基本的に演算器が処理できるプログラムやデータは「レジスタに格納されているものだけ」である．

**制御装置**　名前が示す通り，演算装置とレジスタへの動作指示，入力装置と出力装置の制御，記憶装置の読み書きなどを行う装置である．

**レジスタ**　CPUに搭載された情報を記憶しておくための装置．ここに格納されている情報（プログラムやデータ）を演算装置が処理することになる．レジスタにはプログラムが汎用的に利用できる汎用レジスタと，決まった用途に用いられる特別なレジスタがある．後述するメインメモリに比べて，情報を保持する仕組みの違いとCPUに直接搭載されていることから高速に読み書きすることができるが，記憶できる情報量は圧倒的に少ない．そのため，CPUが命令を実行するときに一時的に使う情報の格納先として利用される．

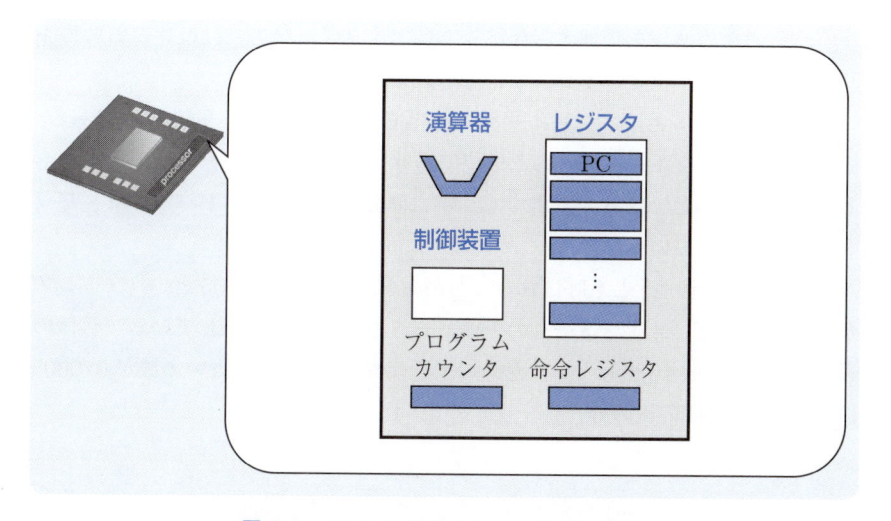

図2.2　CPUに搭載されている基本機能

- **プログラムカウンタ**：特別なレジスタの中で，コンピュータアーキテクチャにとって重要なものの一つは**プログラムカウンタ**（**PC**：Program Counter）である．後述するが，現在のコンピュータはフォン・ノイマンアーキテクチャ（プログラム内蔵方式ともいう）であり，CPU が実行するプログラムはメインメモリ上に格納されている．そのため現在メインメモリのどこに格納された命令を実行しているのかを把握しておく必要があり，プログラムカウンタが利用される．
- **命令レジスタ**：メインメモリからコピーしてきた，今 CPU が実行している命令（機械語）を格納しておく特別なレジスタ．

　一般的にメモリと呼ばれている装置は，コンピュータアーキテクチャでは特に**メインメモリ**や**主記憶装置**と呼ばれる．これはハードディスク，光学ディスク（CD-ROM など），USB メモリなどの補助記憶装置と用途や特性が異なるため，区別を必要とするからである．大雑把な特性の違いとしては，メインメモリは装置に通電しているときにだけ情報を記憶しておくことができる，高速に読み書きできる装置である．補助記憶装置は通電していないときでも膨大な情報を記憶しておくことができるが，メインメモリに比べて読み書きの速度が遅い．

　次に，メインメモリの簡単な仕組みを図 2.3 に示す．CPU がメインメモリに格納された情報を取り出す場合，何を基準に取り出すかという点が最も重要になる．そのため情報を管理する仕組みとして，メインメモリには記憶領域の先頭から 1 バイト単位で**アドレス**が付与されている．

　ここで，**バイト**とはコンピュータの世界で用いられる基本的な単位である．複数桁のビットを 1 つにまとめた単位であり，現在は 8 ビット＝ 1 バイトである場合がほとんどである．本書でも，特に断りのない限り，1 バイトは 8 ビットとして解説している．

　アドレスは「番地」とも呼ばれることがある．例えば 0x0005 というアドレスが与えられれば，メインメモリの先頭から 5 バイト目を意味している（数値の頭に 0x が付くと 16 進数という意味の表記になる）．図中の青い領域が 0x0005 になる（0x0004 の次の枠）．

2.1 コンピュータの基本構成とフォン・ノイマンアーキテクチャ　　**45**

**メモリ**
（主記憶（装置），メインメモリ）

| アドレス | | |
|---|---|---|
| 0x0000 | | |
| 0x0004 | 0x0005 | |
| 0x0008 | | |
| 0x000C | | |
| 0x0010 | | |
| 0x0014 | | |
| 0x0018 | | |
| 0x001C | | |
| 0x0020 | | |
| 0x0024 | | |
| 0x0028 | | |
| 0x002C | | |
| ⋮ | | |

メモリは1バイト単位で区切られており，それぞれに「アドレス」（「番地」とも呼ばれる）が付与されている．

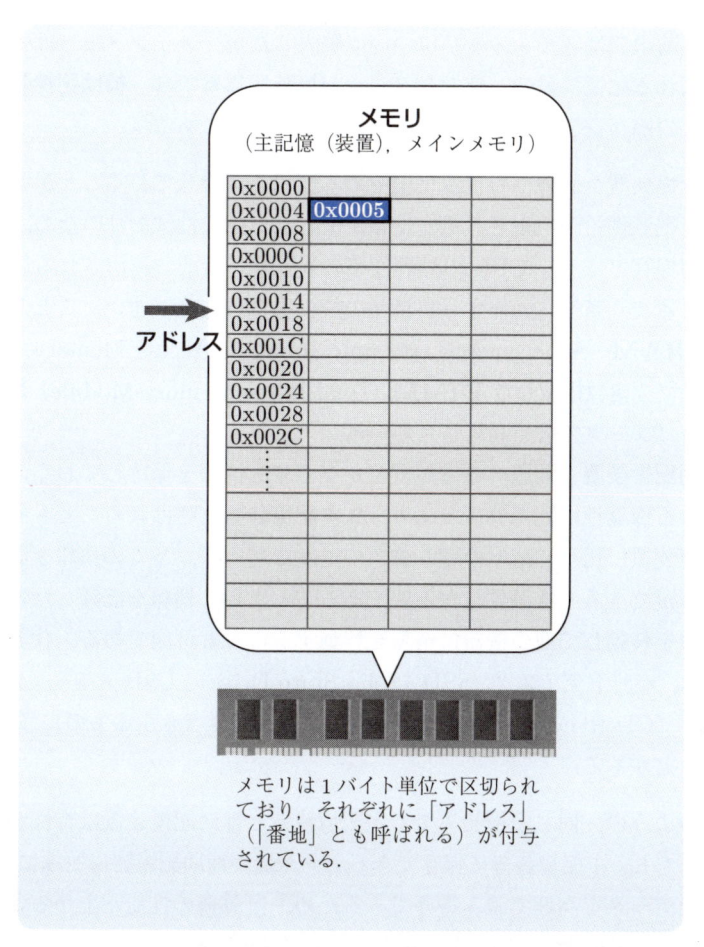

図 2.3　メインメモリとアドレス

## 2.1.3　記憶装置と記憶階層

**記憶装置**　記憶装置とは，その名の通り情報を記憶しておく機能を持った装置である．前項ではメインメモリについて解説したが，メインメモリは**主記憶装置**と呼ばれる記憶装置の一種である．主記憶装置以外では，**補助記憶装置**と呼ばれるものが存在する．それぞれの違いは次の通りである．

- **主記憶装置**：装置への電源供給中のみ情報を保持しておくことができる装置．電源供給が中止されると情報が失われる揮発性メモリのため，情報の長期保存ではなく CPU の処理作業の過程で一時的に利用される．補助記憶装置より高速に動作する（情報の読み書きの速度が速い）ことが特徴．**SDRAM**（Synchronous Dynamic Random Access Memory）方式のチップを複数搭載した **DIMM**（Dual Inline Memory Module）が最近のコンピュータで広く利用されている．

- **補助記憶装置**：装置への電源供給がなくても情報を保持しておくことができる不揮発性の記憶装置であり，**2 次記憶装置**と呼ばれることもある．主記憶装置に比べて情報の読み書きの速度は遅いが，多くの情報を記憶することができる．電源供給が不要であることから，情報を記録した装置そのものを移動して他の機器に情報を移動することも可能である．代表例としては，ハードディスク，SSD（Solid State Drive），USB メモリ，光学ディスク（CD-ROM などのレーザー光で情報を読み書きするもの），磁気テープなどがある．

以上のように，同じ記憶装置でも主記憶装置と補助記憶装置は特性が大きく異なる．もし，主記憶装置に保存できるデータ量が補助記憶装置並みになれば，大容量なデータを高速で読み書きできるため，計算機の性能が上がることになる．しかし，主記憶装置は，仕組み的に容量が増えると単価が高くなる点，容量を増やしてもそれに見合うほど性能が上がるわけではない点から，大容量化は現実的ではない．また，情報を永続的に保存するには常に電源供給をしなければならない．そのため，特性の異なる装置を適材適所で使い分けることで，情報の読み書きを実現している．

**記憶階層**　コンピュータアーキテクチャでは，情報の読み書き速度や容量の違う様々な情報を記憶する装置で構成されている．これらをうまく使い分け制御することで，大容量で高速な 1 つの装置を使用しているように振る舞うようにしている．例えば，よく使用する情報は CPU に近い場所に情報を記憶させておき，たまにしか使わない情報は CPU から遠い場所に記憶しておくなどの制御がなされている．このときに，読み書き速度や容量を考慮して組み合わせることが重要になり，これを**記憶階層**と呼ぶ．記憶階層の概要を図 2.4 に示す．

　記憶階層は，CPU に近い方を頂点とし，記憶容量とアクセス時間を考慮してピラミッド状に様々な記憶装置を積み上げたものである．上から下に行くにつれて，基本的に記憶容量は大幅に増加していく．逆に，下から上に行くほどアクセス時間は大幅に短くなるため，情報の読み書き速度は高速になっていく．そのため，記憶容量とアクセス時間は反対の関係にある（このような関係をトレードオフという）．また，下から上に行くほど，記憶容量 1 ビットあたりの単価が高くなっていく．そのため，記憶階層が上位の高速な記憶装置で下位の記憶装置と同じ記憶容量を確保しようとするとコスト面で現実的では無い．したがって，記憶内容に応じて使い分けを行うことで，高速で大容量な 1 つの記憶装置を利用しているように見せかけるようにしている．

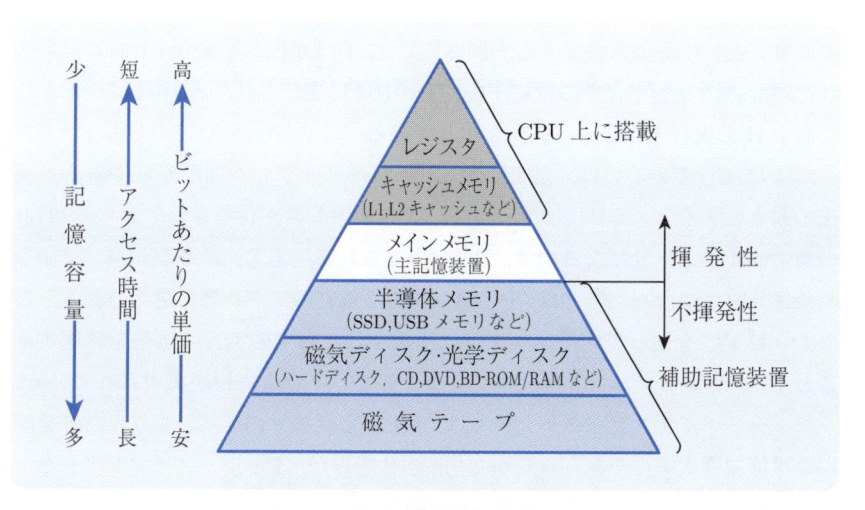

図 2.4　様々な記憶装置とその特徴

## 2.1.4 フォン・ノイマンアーキテクチャ

前述の CPU とメモリで構成されたコンピュータは，**フォン・ノイマンアーキテクチャ**のコンピュータと呼ばれる．プログラム，文字，画像，音など全ての情報は数値化されて補助記憶装置に格納されており，必要なデータを主記憶装置（メインメモリ）にコピーした後に，CPU がプログラムを順番に読み込んで実行することが特徴である（図 2.5 を参照）．1940 年代にジョン・フォン・ノイマンらにより提唱された．現在使われているコンピュータのほとんどがこのフォン・ノイマンアーキテクチャを採用しているものである．メインメモリに入っているデータを順番に読み込んで実行することから，**ストアドプログラム方式**や，**プログラム内蔵方式**（もしくは**蓄積方式**）と呼ばれることもある．

フォン・ノイマンアーキテクチャでは，メインメモリに格納された命令を CPU の命令レジスタに逐次読み込んで実行される．そのため，今，メインメモリ上のどの命令を実行しているのかを管理する必要がある．この役目を担うのが**プログラムカウンタ（PC）**である．図 2.6 に，PC を使った実行中の命令の管理の概要を示す．まず前提として，メインメモリにはプログラムが格納されており，その命令はアドレス（番地）で管理されている．CPU はプログラムカウンタが示すアドレスの命令を命令レジスタに読み込み，実行する．プログラムは逐次的に実行したいので，次に実行する命令を実行できるよう PC を更新し，次の命令を実行することができる．図 2.6 では，PC が指し示す 0x0100 に格納された命令 A を実行し，その次に PC が 0x0104 に更新され，0x0104 に格納された命令 B を実行するという流れを示している．ここで，メインメモリのアドレスが 4 増加しているのは，32 bit の CPU をイメージした図だからである．前述の通り，メインメモリには 1 バイトごとにアドレスが付与されており，32 bit の命令は 4 バイト分になるので，PC は +4 される．もし，命令がジャンプ命令や条件分岐命令だった場合は，PC は +4 する以外のアドレスに更新される．このように PC を使ってメインメモリに格納された命令の実行の順番を管理することで，フォン・ノイマンアーキテクチャのプログラム実行が実現されている．

フォン・ノイマンアーキテクチャは，CPU とメモリの連携により，命令を細かな単位で逐次実行できる．しかし，この仕組みが，フォン・ノイマンアーキテクチャのコンピュータの処理性能の足かせになっている．この原因として，前述の記憶階層がある．CPU に搭載されたレジスタと，実行されるメインメモ

## 2.1 コンピュータの基本構成とフォン・ノイマンアーキテクチャ

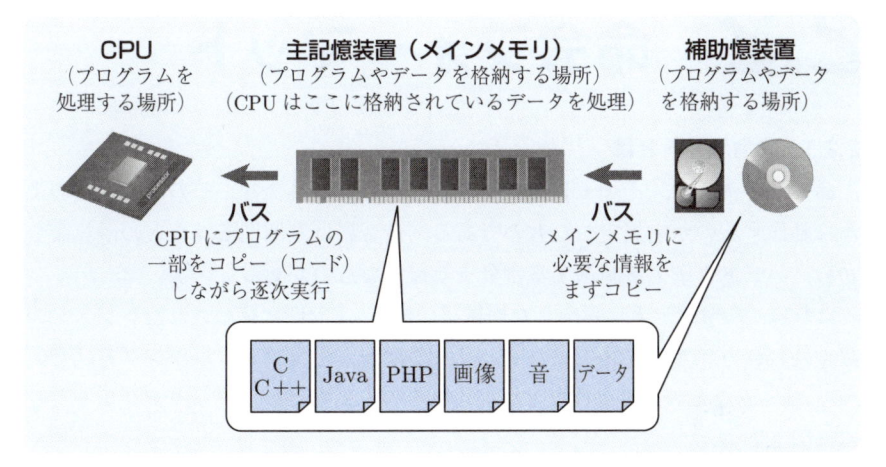

**図 2.5** CPU がプログラムを読み込み実行するまでの流れ

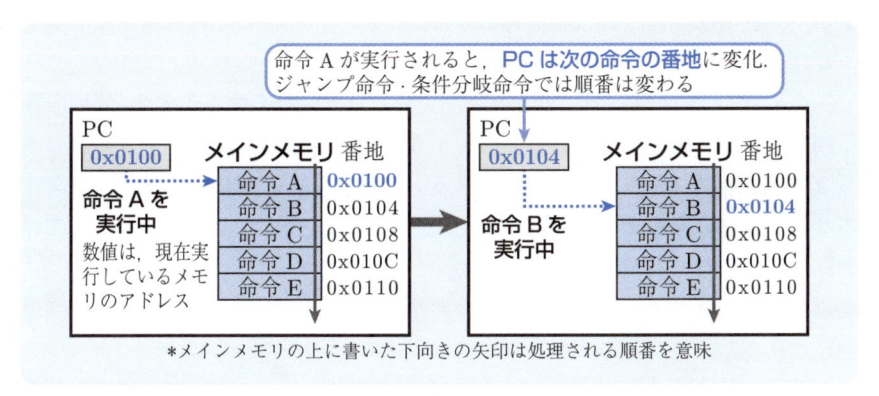

**図 2.6** プログラムカウンタを使った実行中のプログラムの管理

リにはアクセス時間（情報の読み書きに必要となる時間）に差がある．そのため，CPU の性能が向上して計算速度が速くなったとしても，メインメモリに格納された命令を命令レジスタに格納するのに時間がかかると，次に実行したい命令が CPU にコピーされるまでの時間待つ必要が生じる．結果として，CPU の性能向上の恩恵はほとんどなくなる．このような性能向上を阻害する要因を**ボトルネック**と呼び，特にこれは**ノイマンズボトルネック**と呼ばれる．ノイマンズボトルネックに起因するメモリアクセス速度を改善する方法としてキャッシュがある．キャッシュ技術については 5 章で解説する．

## 2.2 命令セットと命令フォーマット

### 2.2.1 命令セットとは

命令セットとは，そのCPUで使用できる命令の集合と，その命令がどのように動作するのかを規定したものである．命令には，四則演算などの計算命令から，ハードウェアを制御する命令まで様々なものがある．

これに，命令セットに対応した機械語の構造，CPUに搭載されたレジスタの数や使われ方，メインメモリのアドレスの指定方法（**アドレッシング方式**という），割込みなどの基本動作などを加えたものを**命令セットアーキテクチャ**と呼ぶ（図2.7）．

命令セットはCPUの動作を決める基礎的なものであるため，ある命令セット用のプログラムは，CPUの装置自体が変わっても，CPUの扱える命令セットが同じであれば実行することができる．

図2.8のように，異なる命令セット用に作られたプログラム1と2（処理内容は同じ）があったとする．命令セットY用に作られたプログラム1は命令セットYに対応したCPUのみで実行できる．命令セットZ用に作られたプログラム2は，同様に命令セットZに対応したCPUで実行することができる．このとき，そのCPUの製造元がA社であってもB社であっても問題なく動作する．ただし，製造元によってCPU内部の回路構成が違うため，プログラムの処理速度は異なる．

なお，ここでいうプログラムは，CPUが直接処理できる機械語で記述したものである．そのため，アセンブリ言語や機械語でプログラミングする場合は命令セットを意識する必要がある．しかし，C言語のような高水準言語でプログラミングする場合は，プログラムを機械語に変換してくれるコンパイラが，対象とする命令セットのCPUで実行できる形式にしてくれるので，命令セットの違いを特に意識する必要はない．

2.2 命令セットと命令フォーマット　　51

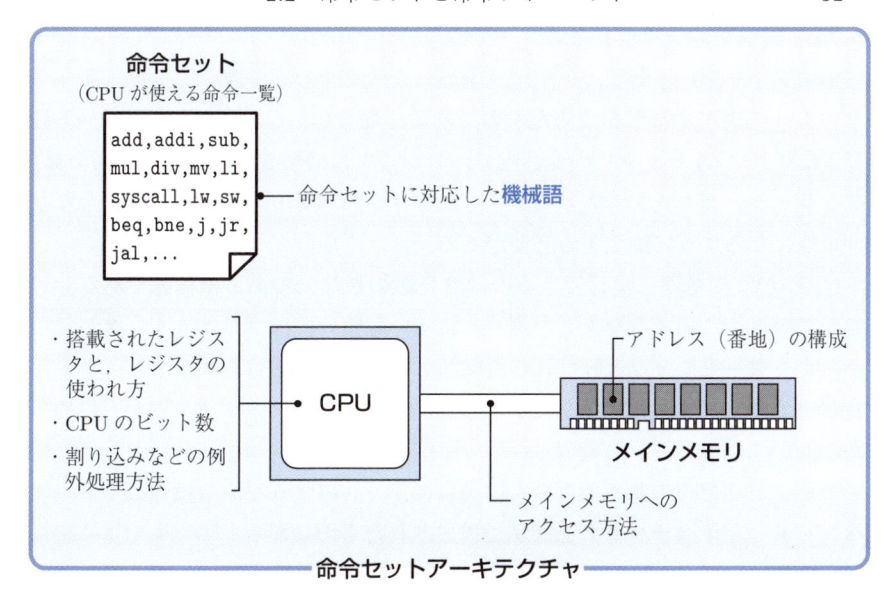

図 2.7　命令セットと命令セットアーキテクチャの概要

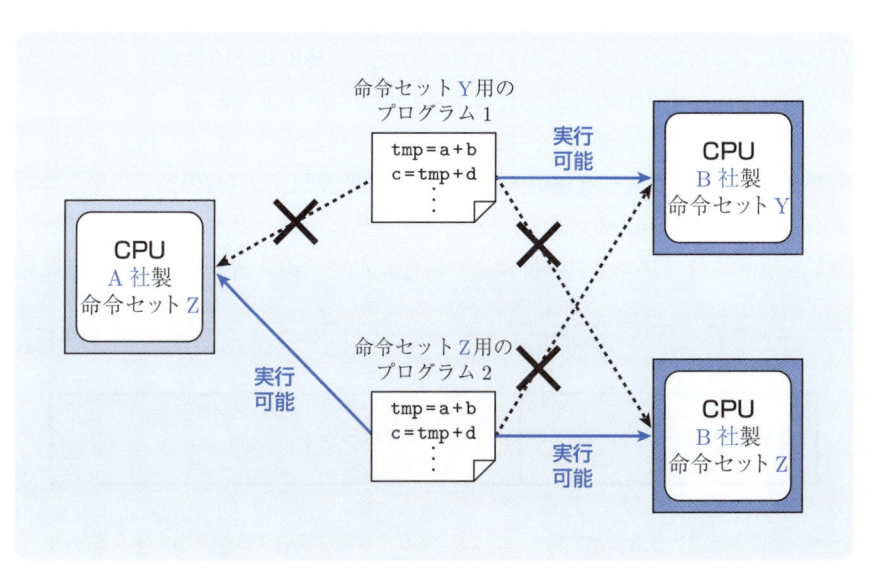

図 2.8　命令セットとアーキテクチャの関係

### 2.2.2 命令フォーマットとは

命令フォーマットとは，命令セットアーキテクチャを考慮した上で，命令をどのように表現するかを決めたものである．命令は，CPU が扱えるビット数（32 ビットや 64 ビット）の範囲内で，レジスタに格納された数値の算術演算，アドレッシング方式を考慮したメインメモリへのアクセス，ジャンプ命令などが可能になるように構成する必要がある．

CPU が直接処理・実行できるのは 2 進数の数値列である**機械語**である．しかしながら，このような人間が理解しにくい数値列ではプログラミングが難しいため，ニーモニックと呼ばれる機械語と一対一で対応したアルファベットと 10 進数の数値で記述できる**アセンブリ言語**でプログラミングするのが一般的である．

アセンブリ言語の基本的な命令構造は，図 2.9 のような**命令操作コード（オペコード）とオペランド**の 2 種類で構成されたものになる．

**命令操作コード**　CPU に実行させたい命令名やそのコード番号が入る部分で，例えば加算命令では "add" のような文字列に，メインメモリから数値を読み込みたい場合は "lw" のような文字列になる．しかし，この文字列だけでは，CPU がどのような機能を使用するのかは分かるが，具体的にその機能をどう使うかが分からない．そのためここで使用するのがオペランドである．

**オペランド**　引数，被演算子，被演算数と呼ばれるものである．例えば加算命令では，足す数と足される数が格納されている場所と，これらの加算結果を格納する場所を指定する必要がある．メインメモリに情報を書き込む（ストア）命令と，読み込む（ロード）命令では，操作したいメインメモリの領域のアドレ

命令フォーマット

| 命令操作コード（opcode） | オペランド（operand） |
|---|---|
| CPU に実行させたい命令名やそのコード番号を格納する． | 命令操作コードで指示された命令を具体的にどのように実行するかを指定する部分．レジスタや数値，アドレスを格納する． |

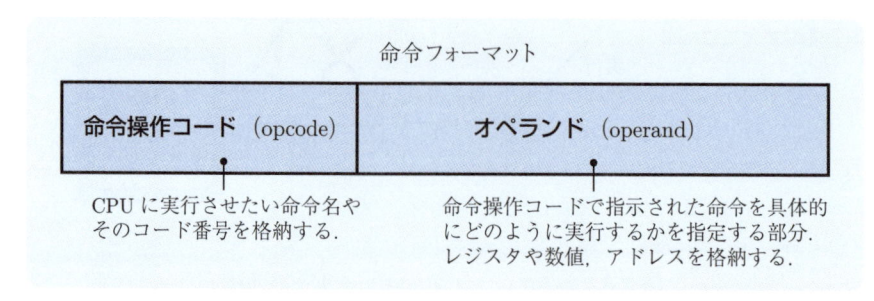

図 2.9　命令フォーマットの概要

## 2.2 命令セットと命令フォーマット

スを指定する必要がある．このように命令の動きを詳細に決めるのがオペランドになる．

詳細は 3 章で解説するが，例として，MIPS というアーキテクチャで利用可能な足し算およびメインメモリから情報を読み込む命令は次のようになる．

> **例**
>
> (1) `add $s0, $s1, $s2`
> (2) `lw $s0, 0($s1)`
>
> (1) は足し算命令（命令操作コードは `add`）であり，レジスタ s1 番と s2 番に格納された数値を加算し，その結果を s0 番レジスタに格納する命令である．(2) はメインメモリから情報を読み出す命令（命令操作コードは `lw`）であり，s1 番レジスタに格納されているメインメモリのアドレスにアクセスし，そこに格納された情報を s0 番レジスタに書き込むという命令である．0($s1) と指定するとこのような動作になるが，例えば 0 を 4 に変更して 4($s1) という指定にすると，アクセスするメモリアドレスは s1 番レジスタのメモリアドレスに 4 を加えたものになる．もちろん，他の数値に変更することもできる．これらの命令はオペランドを変更することで様々な動作を可能とする．○

次に，アセンブリ言語を CPU で処理するには，CPU が解釈・実行できる機械語に変換しなければならない．この機械語も，大きくは前述の命令操作コードとオペランドの 2 種類で構成されることになる．図 2.10 に，アセンブリ言語で記述した命令 (1), (2) がどのように機械語に対応付けされるのかを示す．この図 2.10 は，32 bit の MIPS アーキテクチャの場合の例である．

図中で 32 桁の 2 進数列で示したものが機械語である．アルファベットで記述したニーモニックと，機械語のそれぞれ同じ色の箇所が一対一で対応している．例えば，`add` という命令操作コードは，機械語の先頭と末尾の青い数値列に対応している．矢印は 32 bit の数値列中のどこに配置されているかを示している．

数値の具体的な説明は 3 章で解説するが，ニーモニックの各要素と機械語は一対一対応でき，配置にもルールがあるということがポイントである．ニーモニックが分かれば機械語に変換できるし，機械語が分かればニーモニックに変換することができる．また，CPU とはこのようなルールで構成された機械語を処理できる回路である．したがって，CPU を開発するにあたって，命令フォーマットをきちんと定めることは，その後の回路構成に関わってくるため非常に重要である．

(1)

**命令操作コード　オペランド**
　　↓
add  $s0, $s1, $s2　　　｝── アセンブリ言語で記述した命令（ニーモニック）

00000010001100101000000000100000　　｝── 機械語と，命令操作コード・オペランドの対応（1対1で対応する）

32bit

(2)

**命令操作コード　オペランド**
　　↓
lw  $s0, 0($s1)　　　｝── アセンブリ言語で記述した命令（ニーモニック）

10001110001100000000000000000000　　｝── 機械語と，命令操作コード・オペランドの対応（1対1で対応する）

32bit

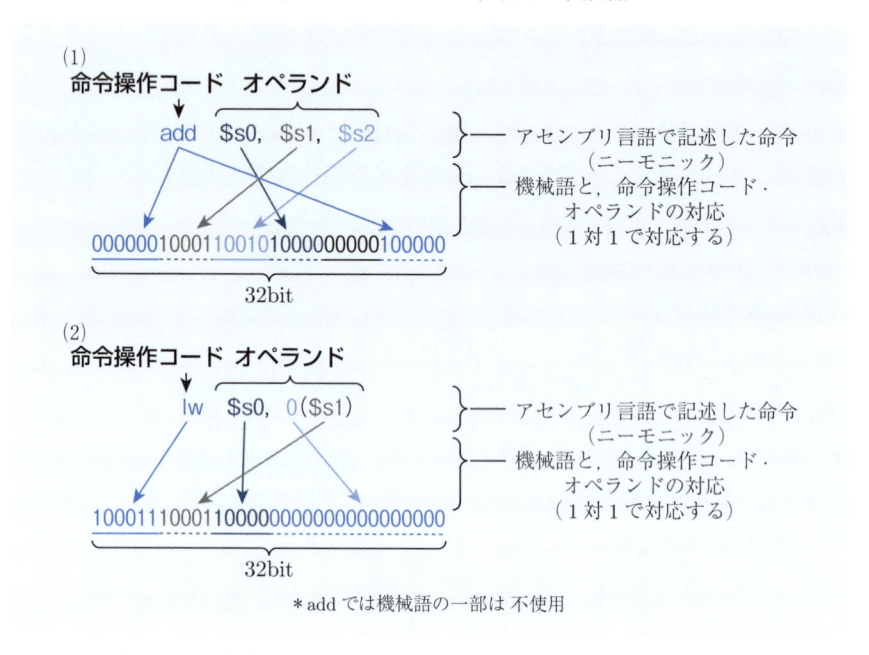

＊addでは機械語の一部は不使用

図 2.10　命令フォーマットと機械語（MIPS アーキテクチャ）

---

**コラム**　最近では，現場でよほど緻密な作業を行うような場合を除き，機械語を直接読み取るといった作業はなくなった．その昔，8 ビットの Z80 マイクロプロセッサが日本橋や秋葉原の店頭に並び，アルバイトして購入した黎明期のパソコンに，雑誌に掲載されていた BASIC 言語によるプログラムをせっせと打ち込んでいた時代があった．

途中機械語のルーチンを呼び出し，16 進数でその機械語を直接打ち込んでいたのであるが，一番多く出現した機械語は恐らく「3E」であろう．これは，LD A, [8 ビット定数] という，Z80 でアキュムレータとして動作する A レジスタに定数をロードする命令である．また，C3 [16 ビット定数] という命令は絶対ジャンプ命令で，定数で指定された番地に直接ジャンプする．NEC の初期のパソコンユーザにとっては，C3 66 5C という 3 つの 16 進数を何度も打ち込んだことだろう．5C66 番地というのは，N88-BASIC に制御を戻すために，そこに強制的にジャンプするために，機械語のプログラムのあちこちで出現した．「三宮に C3 しようぜ！」といった会話が，当時まだオタクという言葉が存在しなかった時代，パソコン小僧と呼ばれた連中などがよく使っていた俗語である．　　　　　　　　　　　　　　　　　　　　　　　　〇

### 2.2.3 超簡単命令セットの作成

命令セットを理解するために，4 ビット CPU を使って簡単な命令セットを作ってみよう．命令セットを作成するときには，まず"プロセッサにどのような動作をさせたいか"，"その動作のために利用できるビット数はどの程度か"を考える必要がある．

ここから解説する命令セットは，"移動しながら線を描くロボットを制御する"ための"4 ビット"のプロセッサである．図 2.11 のように，座標が整数で割り当てられた格子点上を，原点 (0,0) をスタート地点として，ロボットが $X$ 方向と $Y$ 方向に移動しながら線を描く．ロボットをこのように制御するにあたり，必要になる命令は次の 4 種類である．

(1) $X$ 方向に移動しながら線を描く
(2) $Y$ 方向に移動しながら線を描く
(3) 線を描かずに，現在地から移動する
(4) 停止し，それ以降の命令は実行しない

次に，移動を伴う 3 つの命令では，移動量を考える必要がある．そこで，それぞれの命令を表 2.1 のように表現する．$X(1)$ は $X$ 方向に +1 マス移動し，$Y(-3)$ では $Y$ 方向に $-3$ マス移動するという意味になる．$J(-3, 2)$ は，現在地から $X$ 方向に $-3$ マス，$Y$ 方向に $+2$ マス移動するという意味になる．STOP はその場で停止するため移動量を考える必要はない．

図 2.11 の原点 (0,0) からの線は，図の上に記載している命令の通りにロボットが動いたときの軌跡である．命令の通りにロボットが移動しているかを確認してみよう．このときロボットが原点から移動を始めるときに，$Y(5)$ ではなく，$Y(3), Y(2)$ のように +3 マス，+2 マスと 2 回の $Y$ 命令に分けて移動していることに気づくはずである．同様に，$X$ 命令や $J$ 命令も複数回に分けて移動

表 2.1 超簡単命令セットの命令と表記例

| 命令 | 説明 |
|---|---|
| $X(n)$ | $X$ 方向に $n$ マス移動 |
| $Y(n)$ | $Y$ 方向に $n$ マス移動 |
| $J(m,n)$ | 現在位置から相対位置 $(m,n)$ に線を描かずに移動 |
| STOP | 停止 |

原点 (0,0) をスタート地点として次の命令を実行
(矢印の通りにロボットが線を描きながら移動する)
Y(3), Y(2), X(3), X(1), Y(-3), X(-2), J(-3,2), J(-2,0),
Y(-2), X(-1), J(0,-3),
Y(-2), X(3), X(2), STOP

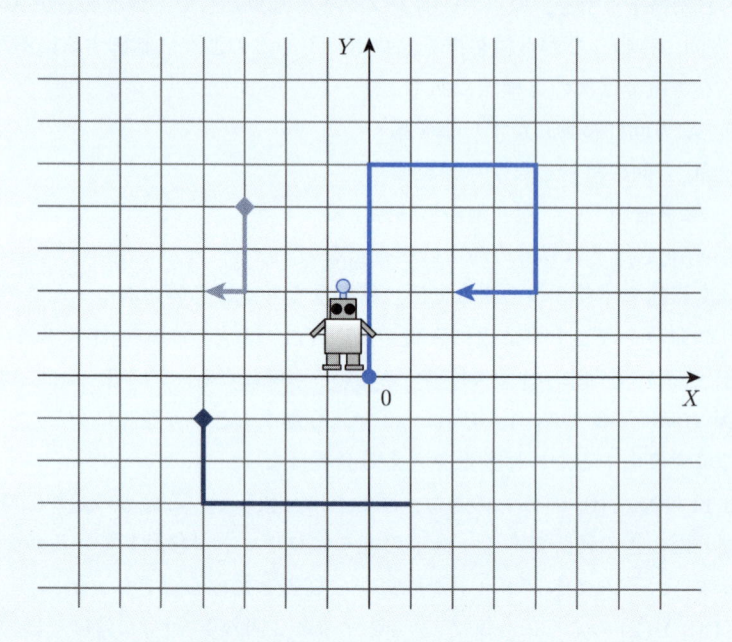

| 命令 | 説明 |
|---|---|
| $X(n)$ | $X$ 方向に $n$ マス移動 （$-4 \leq n \leq 3$） |
| $Y(n)$ | $Y$ 方向に $n$ マス移動 （$-4 \leq n \leq 3$） |
| $J(m,n)$ | 現在地から相対位置 $(m,n)$ に線を描かずに移動 （$-4 \leq m \leq 3$） |
| STOP | ロボットは停止し，それ以降の命令は実行しない |

図 2.11　超簡単命令セットを使ったロボットの移動例

## 2.2 命令セットと命令フォーマット

している部分がある．なぜこのように分けているかは，この簡単命令セットは4ビットのプロセッサでの利用を想定していることに理由がある．

命令セットをプロセッサが扱える機械語に変換するにあたり，プロセッサのビット数が制約になる．4ビットのCPUでは，最大16種類の数値列（$2^4 = 16$）を表現することが可能である．言い換えると，10進数で0〜15の範囲の数値しか表現できない．そのためこの範囲の数値で機械語を作成しなければならない．

命令セットを4ビットのプロセッサで実行できる機械語に割り当てた例を図2.12に示す．基本的に，機械語はニーモニックで記述された命令の表現方法を変えたものであるため，相互に変換することが簡単にできる．まず，4桁の2進数を，上位桁から $KLMN$ というアルファベットに置き換えてみる．この4つのうち，最上位ビットの $K$ を4種類の命令を識別するために，残りの $LMN$ を移動量を表現するために利用する．

命令コード [ $K$ | $LMN$ ]
（命令　移動量）

4桁の2進数を各桁に分割
（最上位桁を $K$，次を $L$，最後を $N$ と表記）
（$K, L, M, N$ は「0」または「1」のどちらかになる）

命令に応じて数値（0か1）を割り当てた，簡単命令セット用の機械語

| 命令 | $K$ | $LMN$ |
|---|---|---|
| $X$ | 0 | 001〜111 |
| $Y$ | 1 | 001〜111 |
| $J$ | 1 | 000 |
| STOP | 0 | 000 |

| $LMN$（2進数） | 符号付き整数（10進数） |
|---|---|
| $(000)_2$ | 0 |
| $(001)_2$ | 1 |
| $(010)_2$ | 2 |
| $(011)_2$ | 3 |
| $(100)_2$ | $-4$ |
| $(101)_2$ | $-3$ |
| $(110)_2$ | $-2$ |
| $(111)_2$ | $-1$ |

- $X(2)$ の機械語は 0010（$K=0$, $LMN=010$），$Y(-1)$ の機械語は 1111（$K=1$, $LMN=111$）
- $J(2,-1)$ の機械語は，3つの命令で構成 1000, 0010, 1110（まず，$J$ 命令で線を描かない移動モードになってから，$X$ 命令，$Y$ 命令で移動）

図 2.12　超簡単命令セットの機械語例

## 第2章 コンピュータの仕組みと機械語

ここで，4種類の命令を区別するためには，単純に考えると2ビット（00, 01, 10, 11の4種類の2進数）が必要である．しかし，この簡単命令セットでは1ビットで表現している．一見，命令の識別に割り当てるビット数が足りないように見えるかもしれないが，実はある工夫により1ビットで十分なのである．それは$X(0)$と$Y(0)$という命令は，それぞれの方向に+0マス移動するという意味になるが，これはロボットが何もしないということを意味している．これらの命令をJ命令（1000），STOP命令（0000）として割り当ててやることで，命令を識別するビットは1ビットで済むことになる．ただし，J命令は線を描かずにロボットが移動するので，移動量を定義しなければならない．そのため，J命令では，まず1000という機械語で線を描かない移動モードになってから，続く2つのX命令とY命令で移動するようにしている．したがって，J命令は3つの機械語から構成される．

前述の工夫により，命令を1ビットにすることで，移動量は2ビットではなく3ビット割り当てることができる．1ビット増えるということは，表現できる数値が2倍になるということである．もし移動量が2ビットであれば，$-2 \sim 1$の間の整数値しか扱えないので，命令の量が膨大になってしまう．3ビットであれば，$-4 \sim 3$の間の整数値を扱えるため，2ビットに比べて移動量を多くでき，ロボットを制御するのに必要な命令の量を少なくすることができる．図2.12の右の表は，$LMN$の取り得るパターンを10進数に変換するための変換表である．今回の簡単命令セットでは，移動量として負の値も考えるので，2の補数を使うことで符号付き整数にしている．

以上のように，命令セットを作るときは，まずどのような制御命令を作りたいのかを検討し，それをプロセッサの限られたビット数でどのように無駄なく表現するかを考えることになる．しかも，本節で述べた簡単命令セットのJ命令のように，複数の機械語の組合せで表現することで効率の良い命令セットと機械語の対応付けを行う場合もある．現在，様々な場面で利用されているプロセッサは，先人の工夫の産物であり，様々な技術や考え方が使われている．

## 2.3 RISCとCISC

### 2.3.1 命令セットによるCPUの種類

世の中には様々なCPUが存在するが，設計思想から大きく次の2種類に分類することができる（**RISC**はリスク，**CISC**はシスクと読む）．

- RISC（Reduced Instruction Set Computer）：
  縮小命令セットコンピュータ
- CISC（Complex Instruction Set Computer）：
  複合命令セットコンピュータ

RISCとCISCの特徴を図2.13に示す．

それぞれの特徴は以下のようになっている．

**RISC** 命令セットとして，`add`や`lw`などのように単純で基本的な命令に絞った縮小命令を採用したもの．短時間で実行可能な命令の組合せにより，複雑な命令を効率的に実行できるようにしている．短時間で実行できる単純な命令は，CPUを構成する回路を簡素化でき，結果として処理の高速化につながる．しかしながら，単純な命令で構成していることから，複雑な処理をさせたい場合にプログラムが複雑化（プログラムコード量が多くなる）する．

また，1つの命令の実行時間を短くするために命令の長さを固定している．その結果**パイプライン**という機能を利用しやすくなり，複数の命令を同時に処理（並列処理）することができる．1つの命令はCPU内で何段階かに分けて実行されるが，全ての段階の処理完了を待たないで次の命令の実行を開始するのがパイプラインである．RISCは1980年代にDavid Patterson（デイビッド パターソン）とDavid Ditzel（デイビッド ディッツェル）によって発表されたアーキテクチャである．現在ではゲーム機に多く採用されているCPUである．パソコン用のCPUも存在している．

**CISC** 命令セットとして，複雑な処理を1つの命令で実行できるようにしたもの．RISCに比べて利用可能な命令の数が豊富である．少ないプログラムコード量で多くの処理を実行することが可能であり，プログラムを単純化することができる．ハードウェアの機能を利用した命令の記述も容易という長所も備えている．しかしながら，1つの命令を実行するのに時間がかかり，また命令によっ

て実行終了までの時間は異なる．命令フォーマットも命令によって異なり，命令の長さも可変である（前述の機械語で挙げた例のように32 bitとは限らない）．

現在，パソコンに採用されているCPUは主にこのCISCアーキテクチャを採用したものである．ただし，最近のCPUはCISCの思想を踏襲しながらRISCの良い機能を採用しており，厳密にCISCともいえないものが多くなっている．

RISCとCISCはどちらが優れているというわけではなく，利用目的にあわせて使い分けることが重要である．本書では，理解しやすさという観点から，CPUを構成する回路や命令フォーマットが簡素なRISCを対象として解説していく．

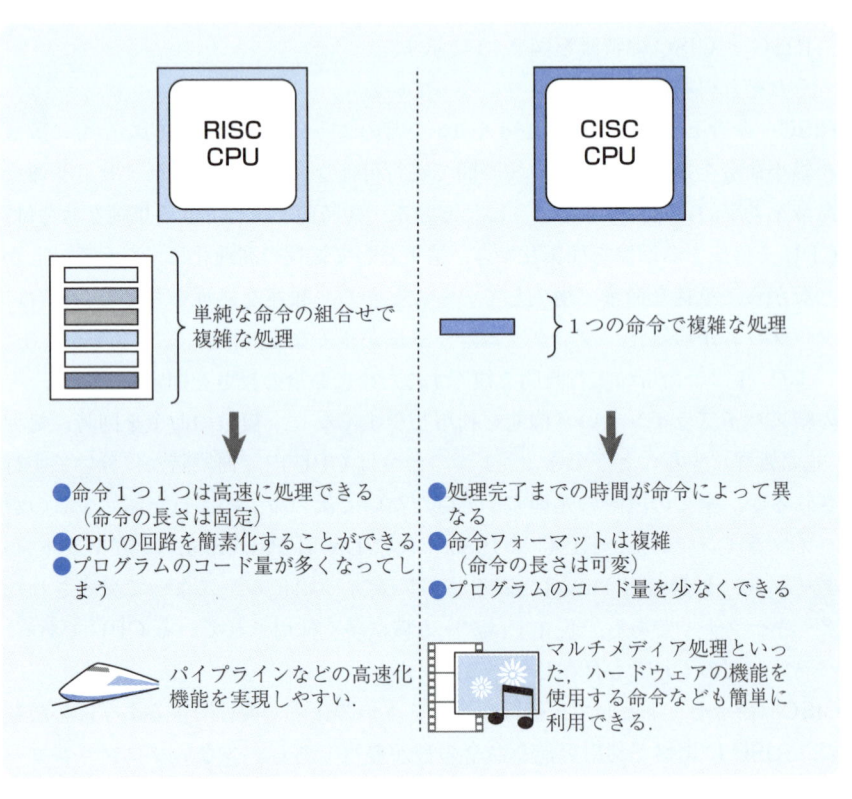

図 2.13　RISCとCISCの違い

## 演習問題

### コンピュータの基本構成とアーキテクチャ

☐ **2.1** コンピュータを構成する5大要素を答えよ．

☐ **2.2** メインメモリのアドレスがどのような単位で管理されているのか（「アドレス（番地）」が付与されているのか）を答えよ．

☐ **2.3** メインメモリのアドレスが16 bitの長さを持つとき，メインメモリで管理できる容量はいくつか計算せよ．

☐ **2.4** プログラムカウンタの役割について答えよ．

☐ **2.5** フォン・ノイマンアーキテクチャでプログラムはどこに格納されているのかを答えよ．

### 命令セットと命令フォーマット

☐ **2.6** 2.2.3項で説明した超簡単命令セットについて，以下の問題に答えよ．
  (1) $X(3), Y(-3), X(-3), Y(3), J(-3, 3), X(3)$, STOP を実行したときの軌跡を図2.11に描け．
  (2) 図2.12の機械語は4 bitの場合の例である．これを5 bitにした場合に移動量は4 bit割り当てることができるが，このときに移動できるマスの範囲を述べよ．

☐ **2.7** 図2.3において，0x0002, 0x0012, 0x001A というアドレスがどこを指すかを示せ．

☐ **2.8** RISCとCISCの違いを説明せよ．

# 第3章 MIPSアーキテクチャとアセンブリ言語

　MIPS アーキテクチャとは，固定命令長である RISC 命令セットのアーキテクチャの一種である．現在販売されている MIPS アーキテクチャの CPU は 32 ビット版と 64 ビット版の 2 種類に大別できる．本書では，分かりやすさを重視して 32 ビット版を前提として解説していく．

　CPU を開発するにあたり，命令セットをどのように構成するかが重要である．この構成次第で，CPU の開発方法や配線が変化する．命令セットは 2 進数 32 桁（もしくは 64 桁）で構成される数値列（機械語の集合）である．CPU はこの数値列が入力されたときに，数値列からどのような処理をすべきか判別して処理するプロセッサである．人間が機械語でプログラミングすることは可能であるが，非常に困難であるため，アセンブリ言語というアルファベット列で記述できるプログラミング言語が生まれた．本章では，MIPS アーキテクチャの命令セットとアセンブリ言語について学習する．プログラムはプロセッサシミュレータを利用することで，アセンブリ言語で記述したプログラムと CPU の内部動作を把握する．

| MIPS の命令セット
| アセンブリ言語と
|      プロセッサシミュレータ
| 実際のプログラムの動作

## 3.1 MIPSの命令セット

### 3.1.1 MIPSアーキテクチャの命令セットと機械語

**MIPS**（ミップスと読む）とは，RISC型（縮小命令セット）アーキテクチャのプロセッサである．いくつかの単純な命令を用意しておき，それらの組合せで複雑な処理を行う．32ビット版と64ビット版の2種類が存在し，組込み機器のプロセッサとして広く利用されている．MIPSの特徴を図3.1にまとめた．

① MIPSはハードウェア設計に関する4つの基本原則に従った設計に則っているのが特徴である．単純な命令の組合せにより複雑な命令を表現し，かつ単純な命令をそれぞれ高速化することで，全体的な高速化を実現している．

② MIPSは32個の**汎用レジスタ**を持っており，それぞれに0～31までの番号が割り当てられている．各レジスタは32ビット（64ビットCPUの場合は64ビット）の容量を持っている．さらに，その番号にはレジスタ名も割り当てられている．アセンブリ言語でプログラミングするときは**レジスタ名**を，そのプログラムを機械語に変換するときは**レジスタ番号**を利用する．各レジスタの特徴を表3.1に示す．0番は**ゼロレジスタ**と呼ばれ，常に「0」が格納される特

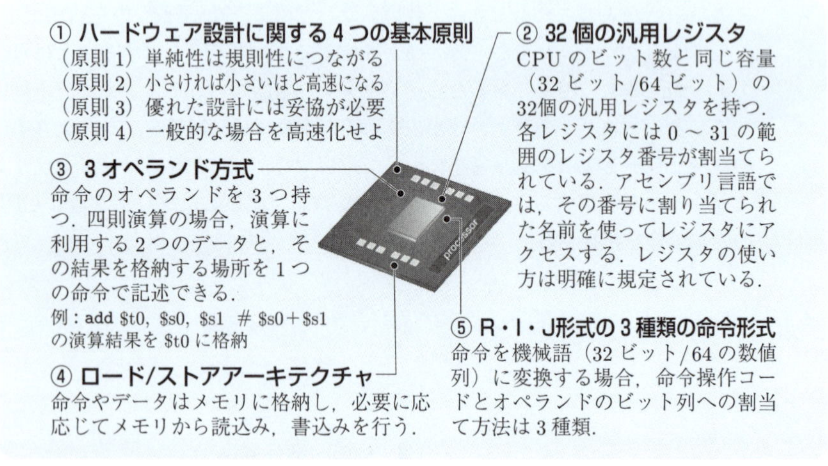

① **ハードウェア設計に関する4つの基本原則**
(原則1) 単純性は規則性につながる
(原則2) 小さければ小さいほど高速になる
(原則3) 優れた設計には妥協が必要
(原則4) 一般的な場合を高速化せよ

③ **3オペランド方式**
命令のオペランドを3つ持つ．四則演算の場合，演算に利用する2つのデータと，その結果を格納する場所を1つの命令で記述できる．
例：add $t0, $s0, $s1 # $s0+$s1 の演算結果を $t0 に格納

④ **ロード/ストアアーキテクチャ**
命令やデータはメモリに格納し，必要に応じてメモリから読込み，書込みを行う．

② **32個の汎用レジスタ**
CPUのビット数と同じ容量（32ビット/64ビット）の32個の汎用レジスタを持つ．各レジスタには0～31の範囲のレジスタ番号が割当てられている．アセンブリ言語では，その番号に割り当てられた名前を使ってレジスタにアクセスする．レジスタの使い方は明確に規定されている．

⑤ **R・I・J形式の3種類の命令形式**
命令を機械語（32ビット/64の数値列）に変換する場合，命令操作コードとオペランドのビット列への割当て方法は3種類．

図 3.1 MIPSアーキテクチャのマイクロプロセッサの概要

## 3.1 MIPSの命令セット

殊なレジスタである．ユーザがプログラムで演算などに自由に利用できるレジスタは $t0～$s7（8～23番）である．$ra（31番）は，サブルーチンコール（関数呼出し）を実行したときの，メインルーチンへの戻りアドレスを格納するためのものである．汎用レジスタ以外には，現在実行しているプログラムのメインメモリ上のアドレスを管理する**プログラムカウンタ**も存在する．

③ 命令は3オペランド方式を採用しており，命令は3個のオペランドを利用することができる．例えば，足し算命令：「add $t0, $s0, $s1」の場合，レジスタ s0 と s1 に格納されたデータを足し合わせた結果をレジスタ t0 に格納するという意味になる．これを1つの命令で記述できる点が3オペランド方式の特徴である．

④ **フォン・ノイマンアーキテクチャ（プログラム内蔵方式）**は，プログラムやデータをメインメモリ（主記憶装置）に格納する．そのため，CPU はメインメモリに対してデータを読み書きできる必要があり，ロード／ストアアーキテクチャになる．代表的な命令に，**ロード命令**（メインメモリからデータを読み込む）：`lw` と，**ストア命令**（メインメモリにデータを書き込む）：`sw` がある．

⑤ 命令を32ビットや64ビットの数値列である機械語に変換する場合，ビット列の使い方を規定する必要がある．R・I・J形式の3種類の**命令形式**がある．これは，次項（3.1.2項）で解説する．

表 3.1 MIPS アーキテクチャのレジスタとレジスタ番号の対応表（および用途）

| レジスタ | 番号 | 用途 |
|---|---|---|
| $zero | 0 | 常にゼロが格納（書込み不可） |
| $at | 1 | 擬似命令用の一時変数 |
| $v0～$v1 | 2～3 | 式の評価と関数の結果 |
| $a0～$a3 | 4～7 | 関数への引数 |
| $t0～$t7 | 8～15 | 一時変数用 |
| $s0～$s7 | 16～23 | 一時変数用（スタックに退避する） |
| $k0～$k1 | 24～25 | OS カーネル用に予約 |
| $gp | 28 | グローバルポインタ |
| $sp | 29 | スタックポインタ |
| $fp | 30 | フレームポインタ |
| $ra | 31 | 戻りアドレス記憶用 |

## 3.1.2 命令形式

命令形式は，命令セットで定義した命令群をどのように機械語に対応付けるかを定めたものである．RISC型アーキテクチャは命令長が固定（本章では32ビットを想定）であるので，限られたビットの枠を何の用途に何ビット割り当てるかを明確に定めなければならない．この割り当てる枠を**フィールド**と呼ぶ．

MIPSの命令形式には次の3種類が存在する．それぞれの命令形式の代表例を表3.2に示す．

- **R形式**：主に四則演算などの算術演算命令で利用する形式
- **I形式**：ロード／ストア命令，条件分岐命令，即値命令などで利用する形式
- **J形式**：ジャンプ命令で利用する形式

表3.2 命令形式と代表的な命令

| 形式 | 命令 | プログラム例 | 意味 |
|---|---|---|---|
| R | add | add $t0, $s0, $s1 | s0 + s1 の結果を t0 に格納 |
| R | subtract | sub $t0, $s0, $s1 | s0 − s1 の結果を t0 に格納 |
| I | load word | lw $s0, 100($t0) | t0 に格納されたメモリアドレスに 100 加算した番地のデータを s0 に読み込む |
| I | store word | sw $s0, 100($t0) | t0 に格納されたメモリアドレスに 100 加算した番地に s0 のデータを書き込む |
| I | add immediate | addi $t0, $s0, 200 | s0 + 200 の結果を t0 に格納 |
| J | jump | j 10000 | 10000番地にジャンプする（次に実行する命令が10000番地になる） |

次に，R・I・J形式がそれぞれどのようなフィールド構成になっているのかを，R形式：図3.2，I形式：図3.3，J形式：図3.4に示す．

**R形式**　6つのフィールドで構成される．opは命令操作コードを，rs, rt, rdはレジスタを指定する．shamtはシフト演算時に利用する．functは，opと組み合わせて命令の動作を詳細に規定するために利用する．後述するaddとsubでは，opは同じ「0」であるが，functの数値を変えることで加算と減算を区別している．

**I形式**　4つのフィールドで構成されている．op は命令操作コードを，rs, rt はレジスタを指定する．address/constant は，16 ビットの範囲の数値でアドレスや定数を指定する．

**J形式**　2つのフィールドで構成されている．op は命令操作コードを，address にはメインメモリのアドレスを 26 ビットの範囲の数値で指定する．

これらの 3 つの形式に共通するのは，**op**（**命令操作コード**（opcode））である．先頭の 6 ビットを見ることで，その機械語がどういった命令なのかを把握することができる．また，レジスタに 5 ビット割り当てられているのは，レジスタの数が 32 個であるので，各レジスタを区別するのに 5 ビット分の領域を必要とするからである．

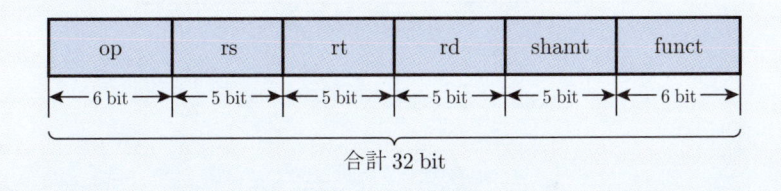

| op | rs | rt | rd | shamt | funct |
|---|---|---|---|---|---|
| 6 bit | 5 bit | 5 bit | 5 bit | 5 bit | 6 bit |

合計 32 bit

| 項目 | 概要 |
|---|---|
| op | 命令操作コード |
| rs | 第 1 ソース・オペランドのレジスタ番号 |
| rt | 第 2 ソース・オペランドのレジスタ番号 |
| rd | デスティネーション・オペランドのレジスタ番号 |
| shamt | シフト量．シフト命令で使用する．使わない場合はゼロにする |
| funct* | op と組み合わせて，命令操作を詳しく指定するために使う |

＊四則演算などで利用．パラメータはレジスタ番号のみ指定できるので，計算する場合はあらかじめ該当レジスタに数値を格納しておかなければならない．

図 3.2　R 形式命令のフィールド構成

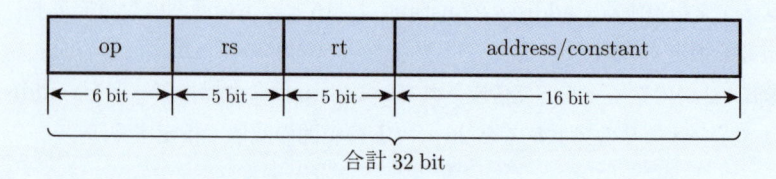

**68**　第 3 章　MIPS アーキテクチャとアセンブリ言語

| op | rs | rt | address/constant |
|---|---|---|---|
| 6 bit | 5 bit | 5 bit | 16 bit |

合計 32 bit

| 項目 | 概要 |
|---|---|
| op | 命令操作コード |
| rs | 第 1 ソース・オペランドのレジスタ番号 |
| rt | 第 2 ソース・オペランドのレジスタ番号 |
| address | メモリのアドレス |
| constant | 即値（＝定数） |

図 3.3　I 形式命令のフィールド構成

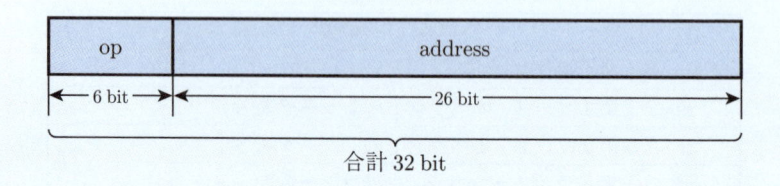

| op | address |
|---|---|
| 6 bit | 26 bit |

合計 32 bit

| 項目 | 概要 |
|---|---|
| op | 命令操作コード |
| address | メモリのアドレス |

図 3.4　J 形式命令のフィールド構成

## 3.1 MIPSの命令セット

命令のオペランドと，各フィールドの対応表を表 3.3 に示す．R 形式命令である「add $t0, $s0, $s1」という命令では，$t0 は rd に，$s0 は rs に，$s1 は rt に対応する．命令の順番と機械語の順番が異なるので，命令を機械語に変換するときは注意が必要である．

機械語という単語は難しく聞こえるかもしれない．しかし実態は，32 ビットという固定のビット数のどの桁からどの桁までをどういった目的に利用するかを決めて，それをアセンブリ言語で書かれた命令の命令操作コードとオペランドをそれぞれ 1 対 1 で対応させているだけである．そのため，プログラムファイルを 2 進数や 16 進数で表示するソフトウェア（バイナリエディタなど）と，表のような機械語とアセンブリ言語の対応がわかる情報があれば簡単に機械語を解読することができる．

それでは，命令をアセンブリ言語から機械語に変換する手順を次から説明していこう．

表 3.3 命令操作コードと機械語の対応表

| 形式 | 6 bit | 5 bit | 5 bit | 5 bit | 5 bit | 6 bit | 計 32 bit |
|---|---|---|---|---|---|---|---|
| R 形式 | op | rs | rt | rd | shamt | funct | 算術命令など |
| I 形式 | op | rs | rt | address/constant ||| データ転送，即値命令など |
| J 形式 | op | address |||||ジャンプ命令など |

| 命令 | 形式 | 例 |||||| 備考 |
|---|---|---|---|---|---|---|---|---|
| add | R | 0 | △ | □ | ○ | 0 | 32 | add $○, $△, $□ |
| sub | R | 0 | △ | □ | ○ | 0 | 34 | sub $○, $△, $□ |
| lw | I | 35 | △ | ○ | 100 ||| lw $○, 100($△) |
| sw | I | 43 | △ | ○ | 100 ||| sw $○, 100($△) |
| addi | I | 8 | △ | ○ | 200 ||| addi $○, $△, 200 |
| beq | I | 4 | ○ | △ | 100 ||| beq $○, $△, 100 |
| j | J | 2 | 10000 |||||j 10000 |

### 3.1.3 命令を機械語に変換

命令を機械語に変換するときの手順を図 3.5 に示す．「add $t0, $s0, $s1」を機械語に変換するとき，① まず命令操作コードを確認し，その命令の形式を把握する．add は，命令操作コードと機械語の対応表（表 3.3）から R 形式であることが判明するので，6 つのフィールドで構成されることが分かる．② 同じ表から，op = 0, shamt = 0, funct = 32 であることが分かる．③ 次に，レジスタとレジスタ番号の対応表（表 3.1）から，レジスタ名を番号に変換する．$t0 = 8, $s0 = 16, $s1 = 17 になり，それぞれ rd, rs, rt に対応する．④ 最後に，2 進数に変換し，各フィールドの桁数に不足している分を 0 で埋める．このプロセスは図 3.6 に示したものと同じである．

I 形式，J 形式の変換手順は，図 3.7〜図 3.9 のようになる．lw 命令と addi 命令は，命令の書き方は異なるが，同じ I 形式命令である．

以上のように，命令から機械語への変換は基本的には対応表を使って変換し，数値については 2 進数に変換することで実現できる．注意点は各フィールドの桁を全て埋めるよう，不足しているビットを 0 で埋めるパディング処理（ゼロパディング）が必要になること，命令と機械語のフィールドの並び順は同じで無いことに注意する．

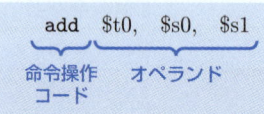

図 3.5 命令から機械語への変換手順

## 3.1 MIPSの命令セット

"add $t0, $s1, $s2" を機械語に変換

*数字の横の (10) は 10 進数の意味
数字の横の (2) は 2 進数の意味

| op | rs | rt | rd | shamt | funct |
|---|---|---|---|---|---|
| $0_{(10)}$ | $17_{(10)}$ | $18_{(10)}$ | $8_{(10)}$ | $\underline{0}_{(10)}$ | $32_{(10)}$ |

add
*opとfunctの2つを使う
shamtは0

op → $0_{(10)}$
funct → $32_{(10)}$
$t0 → rd $8_{(10)}$
$s1 → rs $17_{(10)}$
$s2 → rt $18_{(10)}$

①,② アセンブリ言語の各要素を，機械語のフィールドに分類・変換

機械語（10 進数）
③ アセンブリ言語の各要素を機械語に変換し，それを R 形式のフィールドの順番になるよう並び替えたもの．

| 6 bit | 5 bit | 5 bit | 5 bit | 5 bit | 6 bit |
|---|---|---|---|---|---|
| $000000_{(2)}$ | $10001_{(2)}$ | $10010_{(2)}$ | $\underline{0}1001_{(2)}$ | $00000_{(2)}$ | $100000_{(2)}$ |

機械語（2 進数）
④ 10 進数を 2 進数に変換し，その際に各フィールドに割り当てられたビット数に満たない結果のものについては，そのビット数になるよう「0」を追加する．
（上図の下線を引いた部分．この操作をゼロパディングと呼ぶ）

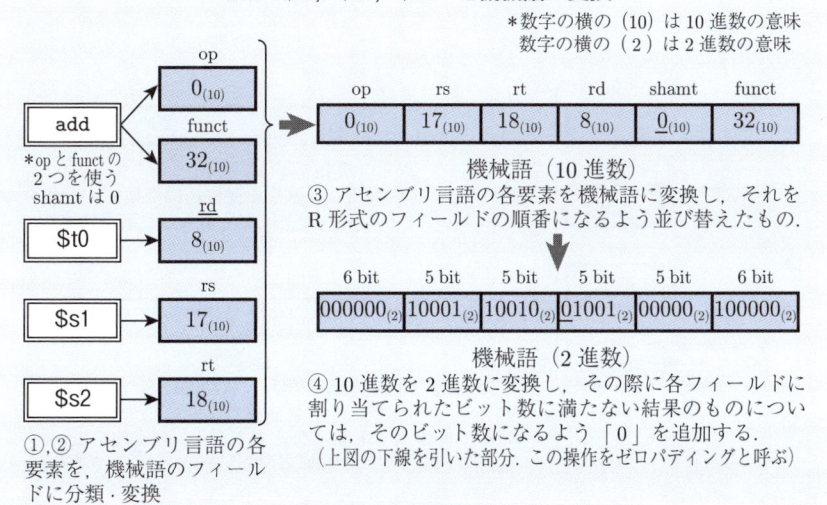

**図 3.6** R 形式命令を機械語に変換（add）

"addi $t0, $s1, 100" を機械語に変換

*数字の横の (10) は 10 進数の意味
数字の横の (2) は 2 進数の意味

| op | rs | rt | constant |
|---|---|---|---|
| $8_{(10)}$ | $17_{(10)}$ | $8_{(10)}$ | $100_{(10)}$ |

addi
op → $8_{(10)}$
$t0 → rt $8_{(10)}$
$s1 → rs $17_{(10)}$
100 → constant $100_{(10)}$

①,② アセンブリ言語の各要素を，機械語のフィールドに分類・変換

機械語（10 進数）
③ アセンブリ言語の各要素を機械語に変換し，それを I 形式のフィールドの順番になるよう並び替えたもの．

| 6 bit | 5 bit | 5 bit | 16 bit |
|---|---|---|---|
| $\underline{0}01000_{(2)}$ | $10001_{(2)}$ | $\underline{0}1000_{(2)}$ | $\underline{0000000001100100}_{(2)}$ |

機械語（2 進数）
④ 10 進数を 2 進数に変換し，その際に各フィールドに割り当てられたビット数に満たない結果のものについては，そのビット数になるよう「0」を追加する．
（上図の下線を引いた部分．この操作をゼロパディングと呼ぶ）

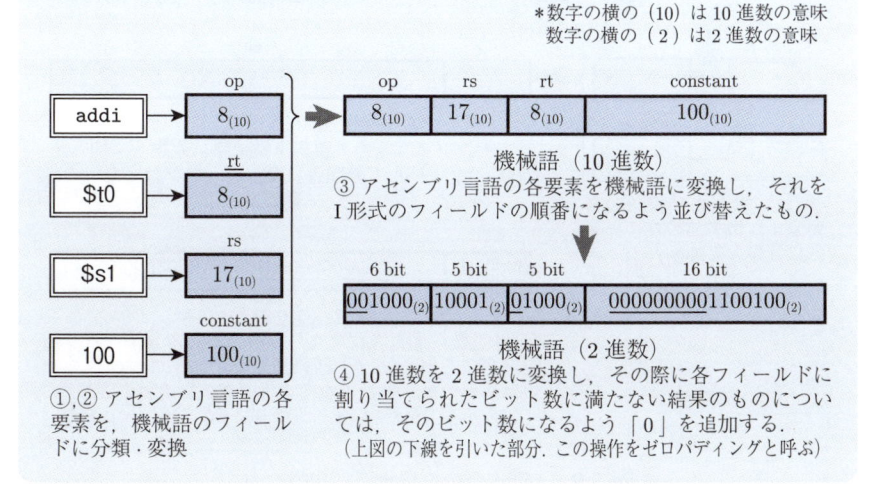

**図 3.7** I 形式命令を機械語に変換（addi）

## "lw $t0, 200($s1)" を機械語に変換

*数字の横の (10) は 10 進数の意味
数字の横の (2) は 2 進数の意味

| op | rs | rt | constant |
|---|---|---|---|
| 35(10) | 17(10) | 8(10) | 200(10) |

機械語（10 進数）

③ アセンブリ言語の各要素を機械語に変換し，それを I 形式のフィールドの順番になるよう並び替えたもの．

| 6 bit | 5 bit | 5 bit | 16 bit |
|---|---|---|---|
| 100011(2) | 10001(2) | 01000(2) | 0000000011001000(2) |

機械語（2 進数）

④ 10 進数を 2 進数に変換し，その際に各フィールドに割り当てられたビット数に満たない結果のものについては，そのビット数になるよう「0」を追加する．
（上図の下線を引いた部分．この操作をゼロパディングと呼ぶ）

lw → op 35(10)
$t0 → rt 8(10)
$s1 → rs 17(10)
200 → constant 200(10)

①,② アセンブリ言語の各要素を，機械語のフィールドに分類・変換

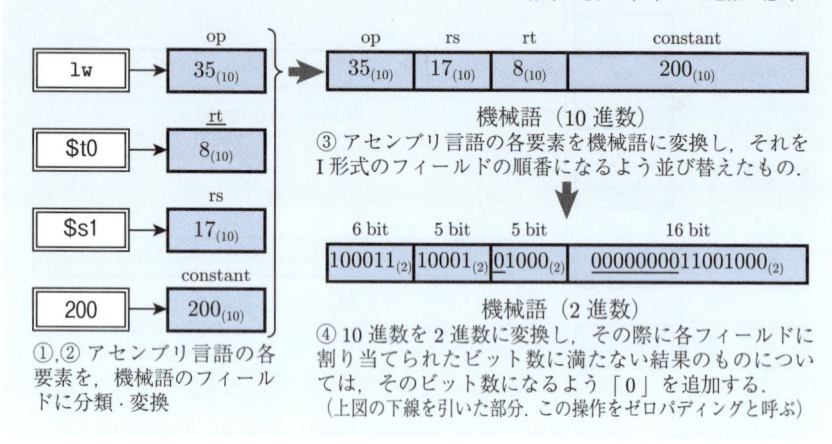

**図 3.8** I 形式命令を機械語に変換（lw）

## "j 10000" を機械語に変換

*数字の横の (10) は 10 進数の意味
数字の横の (2) は 2 進数の意味

| op | address |
|---|---|
| 2(10) | 10000(10) |

機械語（10 進数）

③ アセンブリ言語の各要素を機械語に変換し，それを I 形式のフィールドの順番になるよう並び替えたもの．

| 6 bit | 26 bit |
|---|---|
| 000010(2) | 00000000000010011100010000(2) |

機械語（2 進数）

④ 10 進数を 2 進数に変換し，その際に各フィールドに割り当てられたビット数に満たない結果のものについては，そのビット数になるよう「0」を追加する．
（上図の下線を引いた部分．この操作をゼロパディングと呼ぶ）

j → op 2(10)
10000 → address 10000(10)

①,② アセンブリ言語の各要素を，機械語のフィールドに分類・変換

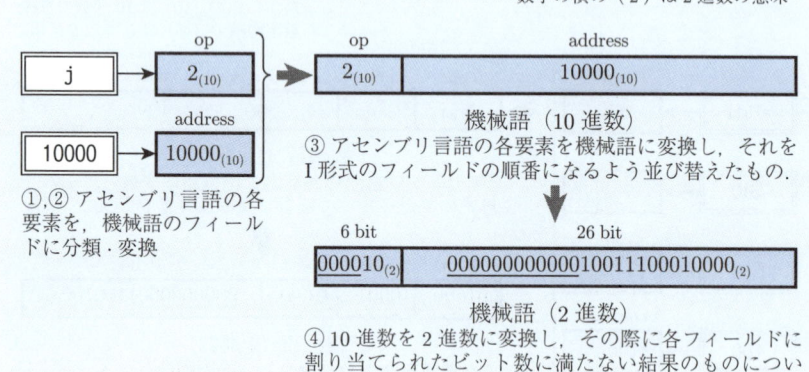

**図 3.9** J 形式命令を機械語に変換（j）

# 3.2 アセンブリ言語とプロセッサシミュレータ

**機械語**と1対1対応している**アセンブリ言語**は，CPU を直接操作することのできるプログラミングを可能とする．C 言語などの高水準（高級）言語との対比で，低水準（低級）言語とも呼ばれる．低水準という表現は，単純にハードウェアのことを考慮して記述する必要性の有無を意味しており，優劣を意味しているわけではない．

アセンブリ言語でのプログラミングでは，CPU の動きや制約条件を意識する必要がある．本書で対象としている MIPS では

- 利用できるレジスタが 32 個である
- レジスタに格納しきれないデータをメインメモリに格納する
- 計算に必要なデータはメインメモリからレジスタにロードする
- スタックの動作を自分で記述する

といった，高級言語では意識する必要の無かった点を意識してプログラミングする必要がある．しかしながら，プロセッサ内の動きは目に見えず，同時に計算プロセスを把握することが難しい．

記述したアセンブリ言語の動作確認や，プログラムを実行中のプロセッサの状態を逐次確認できるプロセッサシミュレータというものが存在する．これを利用すれば，実際のプロセッサが不要で，一般的なコンピュータ環境でアセンブリ言語を用いたプログラミングの学習ができる．

### 3.2.1 QtSpim とは

MIPS のプロセッサシミュレータに，James Larus 氏の開発した **QtSpim** という MIPS32 Simulator が存在する．Qt（キュート）と呼ばれるフレームワークで実装されており，Windows, Linux, Mac OS などの多くのプラットフォームで利用できる．QtSpim では 32 ビットの MIPS プロセッサとメインメモリの動作のシミュレーションが可能である．次の URL から無償でダウンロードすることができる (`http://pages.cs.wisc.edu/~larus/spim.html`)．spim, xspim, **PCSpim** という名称のソフトウェアもダウンロードできるが，これらは QtSpim に比べて古いバージョンであり，利用方法がそれぞれ異なるので注意が必要である．

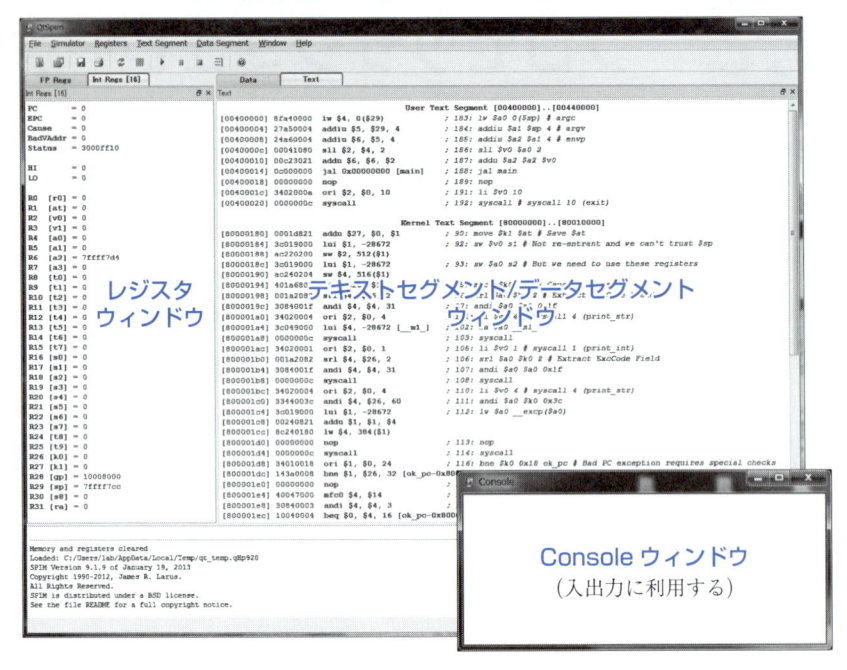

**74**　第 3 章　MIPS アーキテクチャとアセンブリ言語

**図 3.10**　QtSpim の全体画面

　ダウンロードとインストールが正常に終了し，QtSpim が起動すると図 3.10 のような画面が起動する．図は Windows プラットフォームでの起動例である．レジスタ，データセグメント，テキストセグメントを表示するメインのウィンドウと，キーボードからの入力とプログラムの実行結果を出力する Console ウィンドウの 2 種類で構成されている．

　メインウィンドウでは，レジスタの状態，機械語（プログラム）のメインメモリへの配置状況，メインメモリに格納されたプログラム以外のデータの配置状況を確認することができる．

　レジスタは汎用レジスタと浮動小数点レジスタの 2 種類がある．表示は，図 3.11 のようにレジスタウィンドウの上にある「Int Regs」と「FP Regs」というタブで切り替えることができる．汎用レジスタ画面では，表 3.1 で説明した 32 個のレジスタ以外に，メインメモリに配置されたどの機械語を現在処理しているかを示す PC（プログラムカウンタ）の状態も確認することができる．PC は，

3.2 アセンブリ言語とプロセッサシミュレータ　　75

```
FP Regs    Int Regs [16]
Int Regs [16]
PC       = 0      プログラムカウンタ
EPC      = 0      の現在値
Cause    = 0
BadVAddr = 0
Status   = 3000ff10

HI       = 0
LO       = 0

R0  [r0] = 0
R1  [at] = 0
R2  [v0] = 0
R3  [v1] = 0
R4  [a0] = 0
R5  [a1] = 0
R6  [a2] = 7ffff7d4
R7  [a3] = 0
```

レジスタ番号（左）　　レジスタに格納中の数値
とレジスタ名（右）

**汎用レジスタ**

```
FP Regs   Int Regs [16]
FP Regs
FIR   = 0
FCSR  = 1f
FCCR  = 19
FEXR  = 1a

Single Precision
FG0 = 0
FG1 = 0
FG2 = 0
FG3 = 0
FG4 = 0
FG5 = 0
FG6 = 0
FG7 = 0
FG8 = 0
FG9 = 0
```

レジスタ番号　レジスタに格納中の数値

**浮動小数点レジスタ**

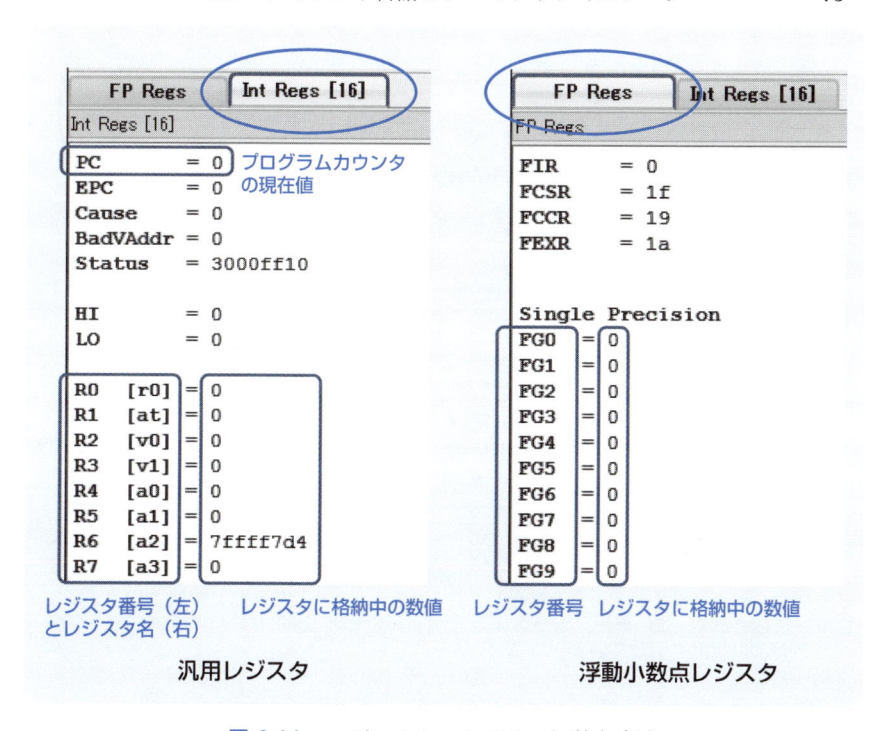

図 3.11　レジスタウィンドウの切替え方法

　プログラムを実行すると 0x00400000 に初期化される．MIPS でプログラムは，メインメモリのアドレスの 0x00400000 から配置するためである．

　機械語（プログラム）がメインメモリにどのように配置されているかは，図 3.12 に示すテキストセグメントウィンドウで確認することができる．後述するデータセグメントウィンドウとの切替えは，上部の「Text」「Data」タブで行える．テキストセグメントウィンドウは，主に 4 つの項目で構成される．

　① 右から 1 番目（右端）の項目に表示された文字列がユーザの記述したアセンブリ言語であり，ここにそのまま表示される．なお，この項目に表示されている数値は 10 進数である．

　② 右から 2 番目の項目は，MIPS コンパイラが機械語にそのまま 1 対 1 で変換できるアセンブリ言語に変換したものである．ユーザが記述するアセンブリ言語は，メインメモリのアドレスを意識しないで済むようにする仕組み（次節

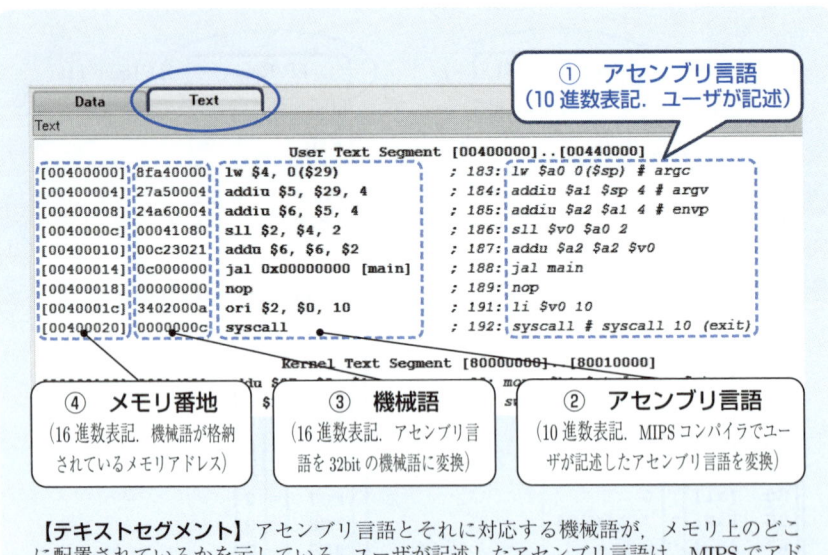

## 第3章 MIPSアーキテクチャとアセンブリ言語

```
Data    Text
Text
                    User Text Segment [00400000]..[00440000]
[00400000]  8fa40000  lw $4, 0($29)       ; 183: lw $a0 0($sp) # argc
[00400004]  27a50004  addiu $5, $29, 4    ; 184: addiu $a1 $sp 4 # argv
[00400008]  24a60004  addiu $6, $5, 4     ; 185: addiu $a2 $a1 4 # envp
[0040000c]  00041080  sll $2, $4, 2       ; 186: sll $v0 $a0 2
[00400010]  00c23021  addu $6, $6, $2     ; 187: addu $a2 $a2 $v0
[00400014]  0c000000  jal 0x00000000 [main]; 188: jal main
[00400018]  00000000  nop                 ; 189: nop
[0040001c]  3402000a  ori $2, $0, 10      ; 191: li $v0 10
[00400020]  0000000c  syscall             ; 192: syscall # syscall 10 (exit)
                    Kernel Text Segment [80000000]..[80010000]
```

① **アセンブリ言語**
(10進数表記. ユーザが記述)

④ **メモリ番地**
(16進数表記. 機械語が格納されているメモリアドレス)

③ **機械語**
(16進数表記. アセンブリ言語を32bitの機械語に変換)

② **アセンブリ言語**
(10進数表記. MIPSコンパイラでユーザが記述したアセンブリ言語を変換)

【テキストセグメント】アセンブリ言語とそれに対応する機械語が，メモリ上のどこに配置されているかを示している．ユーザが記述したアセンブリ言語は，MIPSでアドレスやレジスタ番号などの変換処理がされる．それがさらに機械語に変換され，メモリに格納される．このテキストセグメントウィンドウは，メモリに格納されているプログラムの状況を示している．

図 3.12 テキストセグメントウィンドウの読み方

で紹介するラベル）や，機械語と1対1で対応しない疑似命令を利用することができる．MIPSコンパイラは，アドレスの自動変換と，疑似命令を複数の機械語と1対1対応した命令群に変換する処理などを行っている．右から2番目の項目は，この変換後のアセンブリ言語を表示している．なお，この項目に表示されている数値は10進数である．

③ 右から3番目の項目は，MIPSコンパイラで変換済みのアセンブリ言語を機械語に変換したものである．変換は，3.1.3項で解説した手順で行う．なお，この項目に表示されている数値は16進数である．

④ 右から4番目（左端）の項目は，機械語がメインメモリのどこに配置されているかを示すアドレスである．MIPSでは，プログラムは0x00400000から配置されるため，開始アドレスは0x00400000になっている．なお，この項目に表示されている数値は16進数である．

## 3.2 アセンブリ言語とプロセッサシミュレータ

メインメモリに格納されたプログラム以外のデータの配置状況は，図 3.13 のデータセグメントウィンドウで確認することができる．図は，右上に表示したデータセグメントを利用する命令がプログラム中に存在する場合の例である．テキストセグメントウィンドウは，主に 3 つの項目で構成される．

① 左から 1 番目の項目は，データがメインメモリのどこに配置されているかを示すメインメモリのアドレスである．テキストセグメントウィンドウと異なり，16 バイト単位で並んでいる．MIPS ではデータセグメントは 0x10000000 から開始される．なお，この項目に表示されている数値は 16 進数である．

② 左から 2 番目の項目は，データセグメントに実際に格納されたデータ（16 進数の数値）を示している．4 バイト（= 32 ビット）（16 進数で 8 桁）単位で区切られて表示されている．左から右に向かって 1 バイトずつアドレスが増えていく．例えば，アドレスが [10010000] の行の左端にある "65726f6b" は，先頭の 65 が 0x10010000，末尾の 6b が 0x10010003 のアドレスに格納されていることになる．

③ 左から 3 番目（右端）の項目は，メインメモリに格納された数値列を文字列として解釈したときの結果を表示している．

```
プログラム例（データセグメントに文字列を定義する命令）
    .data
msg: .asciiz "korega data segment ni teigi sita moji desu¥n"
```

```
User data segment [10000000]..[10040000]
[10000000]..[1000ffff]  00000000
[10010000]    65726f6b  64206167  20617461  6d676573    k o r e g a   d a t a   s e g m
[10010010]    20746e65  7420696e  69676965  74697320    e n t   n i   t e i g i   s i t
[10010020]    6f6d2061  6420696a  0a757365  00000000    a   m o j i   d e s u . . . . .
[10010030]..[1003ffff]  00000000
```

① **メモリ番地**
（16 進数表記．データが格納されている番地）

② **実際に格納されたデータ**
（16 進数表記．4 Byte(= 32 bit) 単位で区切り）

③ **格納データを文字として解釈したもの**

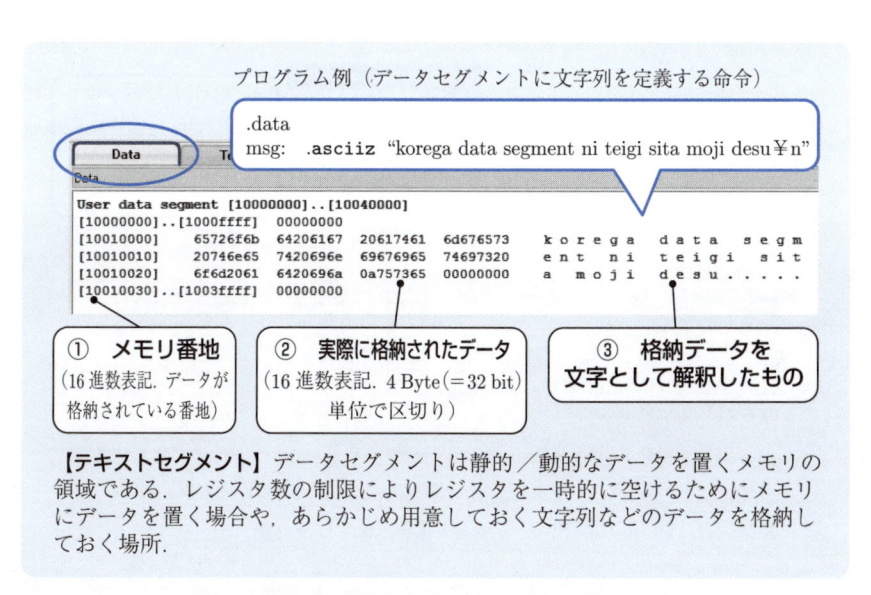

【テキストセグメント】データセグメントは静的／動的なデータを置くメモリの領域である．レジスタ数の制限によりレジスタを一時的に空けるためにメモリにデータを置く場合や，あらかじめ用意しておく文字列などのデータを格納しておく場所．

**図 3.13** データセグメントウィンドウの読み方

### 3.2.2 QtSpim の使い方

前項で解説した QtSpim を用いて，アセンブリ言語で記述したプログラムを実行する方法を解説していく．

まずは，記述したプログラムを QtSpim に読み込む方法である．図 3.14 の左に示したプログラムをテキストエディタ（Windows のメモ帳ソフトなど）で記述したものを用意する．このときアルファベット，記号，空白（スペース）は全て半角英数文字で入力しなければならない．特に空白は全角の空白が紛れ込むと，QtSpim への読込み時にエラーになるので注意されたい．プログラムは半角英数文字のみを使ったファイル名で保存しておく．さらに，拡張子は「.asm」か「.s」にしておくとよい．図に示したプログラムは 2 つのレジスタ（s0, s1）に数値を代入し，それらの足し算の結果（s2）を Console に出力するものである．

他にどのような命令が利用できるかは，QtSpim のマニュアルを見るとよい．

記述したプログラムは，QtSpim のメニューバーの「File」から「Reinitialize and Load File」をクリックし，プログラムファイルを指定するだけである．Load File でも読み込めるが，前回実行時の設定を初期化した上で読み込む Reinitialize

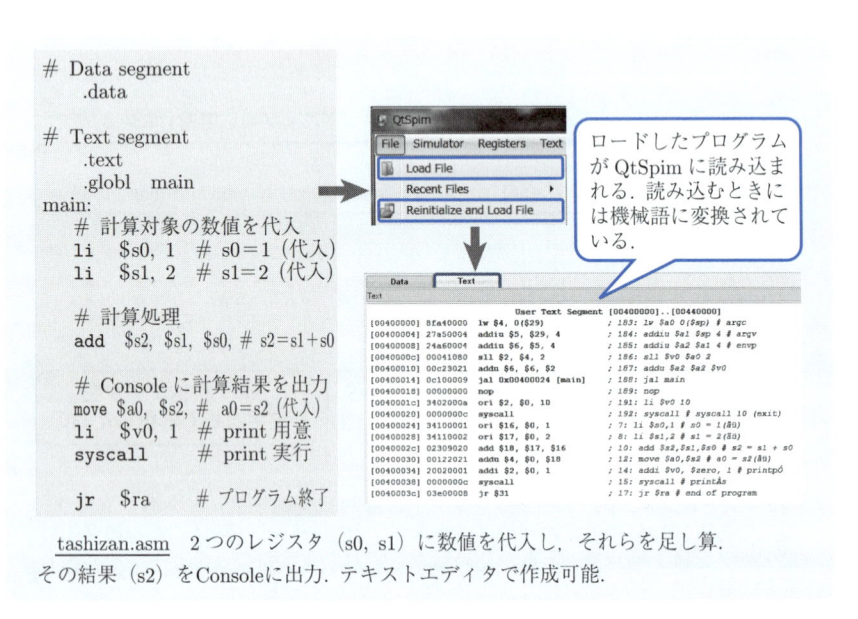

```
# Data segment
    .data

# Text segment
    .text
    .globl  main
main:
    # 計算対象の数値を代入
    li    $s0, 1   # s0=1 (代入)
    li    $s1, 2   # s1=2 (代入)

    # 計算処理
    add   $s2, $s1, $s0, # s2=s1+s0

    # Console に計算結果を出力
    move  $a0, $s2, # a0=s2 (代入)
    li    $v0, 1   # print 用意
    syscall        # print 実行

    jr    $ra      # プログラム終了
```

tashizan.asm　2 つのレジスタ（s0, s1）に数値を代入し，それらを足し算．その結果（s2）を Console に出力．テキストエディタで作成可能．

ロードしたプログラムが QtSpim に読み込まれる．読み込むときには機械語に変換されている．

図 3.14　プログラムの読込み方法

## 3.2 アセンブリ言語とプロセッサシミュレータ

and Load File を使う方が実行時にエラーが起こりにくい．エラーが無ければ，図 3.14 のようにテキストセグメントウィンドウに機械語と MIPS コンパイラにより変換されたアセンブリ言語，変換前のアセンブリ言語（読み込ませたプログラムのテキストセグメント以降）が表示される．もしエラーがあった場合や，正常に読込みが成功したプログラムを書き換えた場合は，再度「Reinitialize and Load File」から該当するファイルを選ぶこと．

　QtSpim にプログラムを正常に読み込めたら，いよいよそのプログラムの実行である．実行方法には 2 種類のやり方がある．プログラムを先頭から最後まで一気に実行する「Run」と，機械語の命令を 1 つずつ実行していく「Single Step」である．図 3.15 にそれぞれの実行方法を示す．QtSpim のメニューバーの「Simulator」から，「Run/Continue」をクリックすると，最初から最後までプログラムを実行する．「Single Step」をクリックすると，クリックするたびに機械語の命令が 1 つずつ処理されていき，PC や汎用レジスタ，データセグメントの変化を逐一確認することができる．Single Step では，ボタンを毎回クリックするのは大きな手間であるので，キーボードの F10 キーを押すとよい．Single Step ボタンを 1 回クリックするのと F10 キーを 1 回押すのは同じ意味であり，押すたびに実行される機械語が次に進んでいくので便利である．

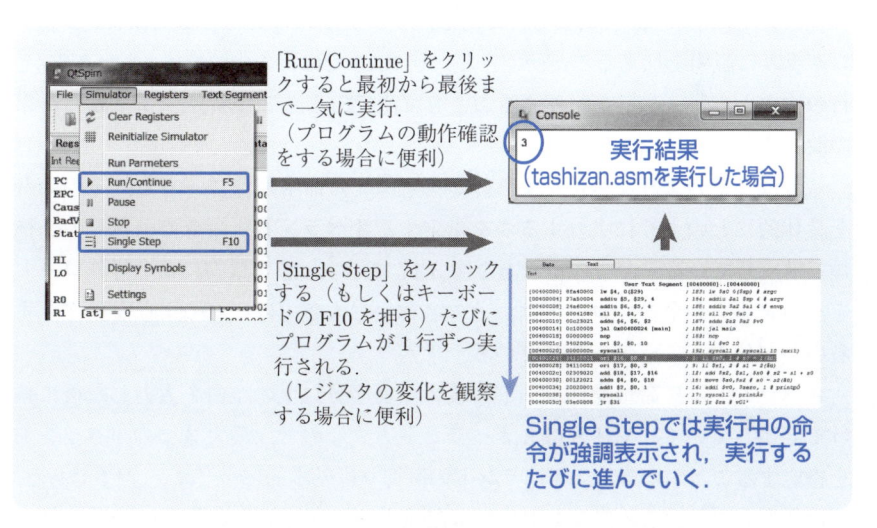

図 3.15　QtSpim の 2 種類のプログラム実行方法

## 3.3 実際のプログラムの動作

### 3.3.1 文法と基本的な命令の書き方

MIPSでプログラムを記述する場合は，テキストエディタ（Windowsのメモ帳ソフトなど）にこれから説明するプログラムを入力し，それを3.2節で解説したプロセッサシミュレータで実行することで動作を確認することができる．

まず，図3.16に何もしないMIPSプログラムを示す．MIPSのプログラムは，**データセグメント**と**テキストセグメント**の2種類で構成する．

**データセグメント**　「.data」という命令から開始され，プログラム実行前に文字列などのデータを用意しておくことができる．

**テキストセグメント**　「.text」という命令から開始され，実際に処理する命令を記述していく．「.globl」は，その後に続く文字列（ラベル）を他のプログラムファイルから参照できるようにするための識別子である．「main:」は，プログラムのメインルーチン（プログラムを実行し始める場所）を指定する特殊な文字列（ラベル）である．「jr $ra」は，メインルーチンの終了を意味する命令である．後述する3.3.4項でその意味を解説する．

コメントは「#」から始まる行である．プログラムの実行とは関係ないが，プログラムに説明を加えることができる．図3.16では行の先頭に「#」があるが，行の途中からコメントを記述することも可能である．この場合，「#」から行末の改行までがコメントになる．

命令は，どのような処理をするのかを意味する**命令操作コード**と，その命令を具体的にどのように実行するかを指定する**オペランド**（命令の引数）の2種類で構成している．命令の書き方を図3.17に示す．まず最初に命令操作コードを記述する．命令操作コードは，その名称から大ざっぱにどのような動作をするのかが分かるよう命名されている．

オペランドは，命令操作コードの後に1文字分以上の空白を入力した後に続けて記述していく．MIPSは3オペランド方式なので，最大3つのオペランドを指定することができる．オペランドの区切りは基本的に「,（カンマ）」である．

命令が必要とするオペランドの数は記述する命令によって異なり，図3.17に示す8種類が存在する．

## 3.3 実際のプログラムの動作

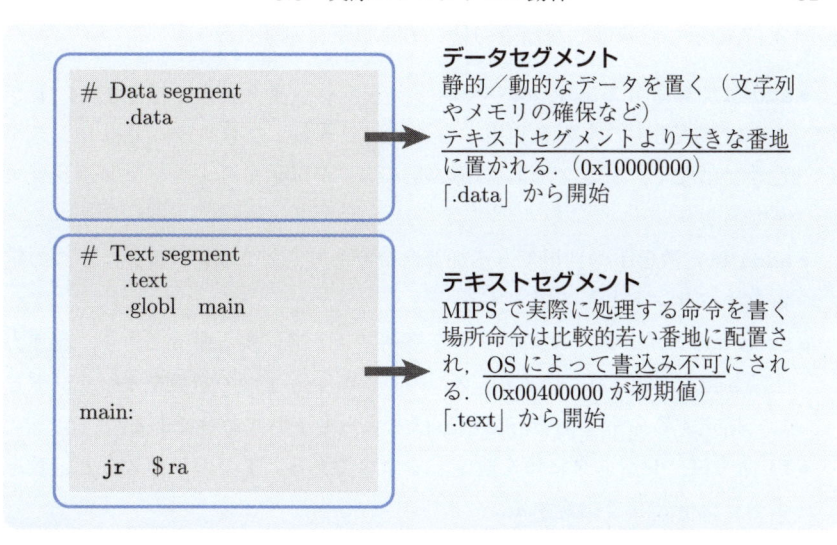

```
# Data segment
    .data
```

**データセグメント**
静的／動的なデータを置く（文字列やメモリの確保など）
テキストセグメントより大きな番地に置かれる．（0x10000000）
「.data」から開始

```
# Text segment
    .text
    .globl  main

main:

  jr  $ra
```

**テキストセグメント**
MIPS で実際に処理する命令を書く場所命令は比較的若い番地に配置され，OS によって書込み不可にされる．（0x00400000 が初期値）
「.text」から開始

**図 3.16** MIPS プログラムは 2 つのセグメントで構成

---

最初に命令操作コード

次にオペランド（命令の引数）．まず空白を 1 つ空け，オペランド間はカンマで区切る．命令の終端は改行．

オペランドの書き方にはいくつかの種類

| 命令 | オペランド | 説明 |
|---|---|---|
| add | $t0, $t1, $t2 | レジスタを 3 つ（「$」記号はレジスタの意味） |
| addi | $t0, $t1, 200 | レジスタを 2 つと定数（即値）を 1 つ |
| sw | $t0, 200($t1) | レジスタ 2 つと定数（即値）を 1 つ（表記は上と異なる．lw, sw 命令固有） |
| li | $t0, 100 | レジスタを 1 つと定数（即値）を 1 つ |
| beq | $t0, $t1, LABEL | レジスタを 2 つとラベルを 1 つ |
| jal | LABEL | ラベルを 1 つ |
| jr | $ra | レジスタを 1 つ |

空白

| syscall | | オペランドなし |

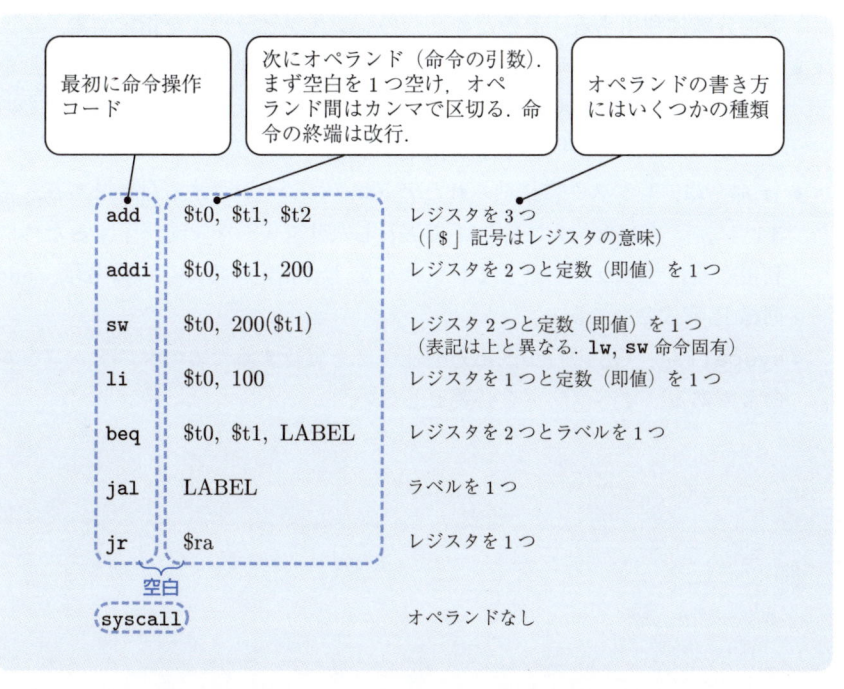

**図 3.17** オペランド数の違いによる命令の書き方

図 3.17 に示した基本的な命令の使い方を以下に示す．

- **add** は加算命令であり，オペランドとしてレジスタを 3 つ指定する．レジスタは，表 3.1 のものを利用することができる．プログラムではレジスタ番号ではなく，レジスタ名を用いる．「$」から始まるオペランドがレジスタである．
- **addi** は定数を 1 つ利用できる加算命令であり，2 つのレジスタと 1 つの定数をオペランドとして指定する．
- **sw** 命令はメインメモリにデータを格納（ストア）する命令であり，記述方法は **addi** と異なっているが，2 つのレジスタと 1 つの定数をオペランドとして指定する命令である．これらはどちらも I 形式命令である．
- **li** 命令は，レジスタに値を設定する命令である．1 つのレジスタと定数をオペランドとして指定する．
- **beq** 命令は，2 つのレジスタに格納された値を比較し，同じだった場合はラベルで指定された命令にジャンプする．条件に応じて処理を切り替える条件分岐に利用する．そのため 2 つのレジスタとラベルを指定する．
- **jal** 命令は，再利用可能な特定の機能をまとめたサブルーチン（関数）を実行する場合に利用する命令である．サブルーチンはラベルで指定するので，オペランドはラベルを 1 つ指定する．
- **jr** 命令は，レジスタに格納されたアドレスにジャンプする命令である．基本的に，メインルーチンや **jal** で実行したサブルーチンを終了するために利用する．オペランドとしてレジスタを 1 つ指定する．この命令は，**add** 同様 R 形式命令である．
- **syscall** は，OS の持つ入出力機能などを実行するためのシステムコール命令である．オペランドを必要としない．

### 3.3.2 四則演算と QtSpim のシステムコール

**四則演算**　プログラミングの基本は計算である．四則演算（加減乗除計算）を表 3.4 に示す．四則演算では，

- オペランドとして引数を 3 つ指定するもの
- 2 つのレジスタと 1 つの数値を指定するもの

の 2 種類がある．前者は R 形式命令，後者は I 形式命令なので，同じ四則演算といっても性質が異なる．それぞれの形式のフィールド（32 ビットをどう使うか）を 3.1.2 項で説明した．R 形式は引数がレジスタであるので 32 ビット同士の数値の四則演算が可能である．これに対して，I 形式は「定数」として 16 ビット分しか用意されていないので，レジスタに格納された 32 ビットの数値と 16 ビットの定数の四則演算が可能である．ビット数の違いは表現できる数値の違いにつながるので，利用する場合は注意が必要である．なお，表ではレジスタとして $s0, $s1, $s2 を利用しているが，他にも $s3〜$s7, $t0〜$t7, $v0〜$v1, $a0〜$a3 を利用することが可能である．ただし，$v と $a は後述する syscall 命令を実行すると格納される数値が変化する場合もあるので注意が必要である．一般的にユーザが計算で利用する場合は，$s と $t を利用すればよい．常に数値の「0」が格納された $zero を指定することもできる．

四則演算では計算対象の指定はレジスタで行うので，レジスタには計算対象の数値をあらかじめ格納しておく必要がある．このときに利用するのが，li 命令である．その使い方を図 3.18 に示す．li 命令はオペランドに 1 つのレジスタと定数を指定し，その定数をレジスタに格納するという命令である．図では，add 命令用に 2 つのレジスタ $s1 と $s2 に数値をあらかじめ格納した上で加算処理をしている例である．

**表 3.4**　MIPS の四則演算命令

| 計算 | 命令 | 文法 | 意味 |
|---|---|---|---|
| 加算 | add | add $s0, $s1, $s2 | $s1 + $s2 の結果を$s0 に格納 |
| 〃 | addi | addi $s0, $s1, 定数 | $s1 + 定数の結果を$s0 に格納 |
| 減算 | sub | sub $s0, $s1, $s2 | $s1 − $s2 の結果を$s0 に格納 |
| 乗算 | mul | mul $s0, $s1, $s2 | $s1 × $s2 の結果を$s0 に格納 |
| 〃 | muli | muli $s0, $s1, 定数 | $s1 × 定数の結果を$s0 に格納 |
| 除算 | div | div $s0, $s1, $s2 | $s1 ÷ $s2 の結果を$s0 に格納 |
| 〃 | divi | divi $s0, $s1, 定数 | $s1 ÷ 定数の結果を$s0 に格納 |

```
        .text
    main :
        # 計算対象の数値を代入
        li   $s1, 100      #   s1＝100（レジスタに値をセット）
        li   $s2, 200      #   s2＝200（レジスタに値をセット）

    #   計算処理
        add  $s0, $s1, $s2   #   s0＝s1＋s2

        jr   $ra
```

図 3.18　li 命令と add 命令の使い方

**QtSpim のシステムコール**　次に，QtSpim で利用できる入出力用のシステムコールを紹介する．図 3.10 で示した Console ウィンドウを使って数値や文字列の入出力を行う命令である．

入出力命令では，3 つのレジスタ（$v0, $a0, $a1）と syscall 命令を利用する．表 3.5 に数値や文字列の入出力に関するシステムコールの使い方の手順と，各レジスタに設定する数値を示す．

表 3.5　入出力に関するシステムコールとシステムコールコード

| 入力／出力 | 対象 | システムコールコード | 引数 | 結果 |
|---|---|---|---|---|
| 出力 | 整数 | 1 | $a0 に出力したい整数 | — |
|  | 文字列 | 4 | $a0 に出力したい文字列のアドレス | — |
| 入力 | 整数 | 5 | — | $v0 に入力された整数が格納 |
|  | 文字列 | 8 | $a0 は，文字列を格納するバッファ<br>$a1 には，受け取る文字列の長さ<br>（入力したい文字数＋1） |  |

(1) まず，$v0 はどのシステムコールを利用するかを指定する．指定は li 命令を使ってシステムコールコードを設定する．
(2) 次に，システムコールが使う引数をレジスタ $a0〜$a1 に指定する．
(3) 最後に，設定が全て終わったら syscall 命令を実行する．

これで QtSpim の備えるシステムコールを利用することができる．実際のプログラム例は，図 3.19，図 3.20 の通りである．ポイントは，文字列の入出力でデータセグメントにあらかじめ文字列そのものか，文字列を入力する領域を定義しておき，テキストセグメントで la 命令でそのデータセグメントに定義したもののアドレスを $a0 に格納しておく点である．

> [コラム]　私が講義でコンピュータを教えるときにまず最初に言うことは，「頭の中で動く想像上のコンピュータを作りなさい」である．とにかくコンピュータに代表される電子機器は，液晶モニタなどの表示装置を除いて，どのように動いているかは全く目に見えない．最近のコンピュータは技術革新や研究の積み重ねにより一昔前に比べて操作性がすごく良くなっているので，基本的な操作方法さえ覚えれば使うことはできてしまう．しかしながら，アーキテクチャや OS，プログラムの動作といった仕組みを理解するには最近のコンピュータは便利すぎる．しかも，内部の仕組みを意識せずに使えるようにすればするほど使いやすくなる傾向があるので，研究・開発はこのような方向に進みがちだ．
>
> ではどのようにすれば，内部の動きが目に見えない電子機器の仕組みを理解できるのか？　その答えが，「想像上のコンピュータを頭の中に作り上げる」である．目に見えないものを教科書などの文章だけで理解するのはなかなか難しい．まず，自分が今持っている知識から想像上の簡単なコンピュータを作ろう．最初は本当にシンプルなもので構わない．知識を増やすにつれてそのコンピュータをバージョンアップさせていけば自然と頭の中にコンピュータが出来上がっていく．
>
> 想像上のコンピュータがあれば，高水準言語で記述したプログラムがどのように動くのかを高度に理解することができるようになる．さらに，コンピュータに関する解説を読むときに，文章を目で追いかける以上に深く早く理解できるようになると思う．
>
> 具体的な第一歩として，QtSpim の動作を頭の中でイメージできるようになってみよう．QtSpim は，メモリに格納されたプログラムがプログラムカウンタで逐次処理される様子と，CPU 上のレジスタがどのように利用されるのかをエミュレートするものだ．この動きは最近のアーキテクチャの基本中の基本であるから，ぜひイメージしてみよう．想像力は偉大である．　　　　　　　　　　　　　　　　　　　　　　○

## 整数を出力

```
    .text
main:
# $v0 にシステムコールコード "1" をロード
li $v0, 1
# $a0 に出力したい整数をコピー
# li 命令なども利用可能
move $a0, $○○
# syscall 命令を実行
syscall

jr $ra
```

*○○は，出力したい値の入ったレジスタ
*「.asciiz」は文字列をメモリに配置する命令
*「la」命令はラベルの指すアドレスをレジスタにコピーする命令

## 文字列を出力

```
# データセグメント
.data
# 出力メッセージの用意
msg: .asciiz "出力したいメッセージ"

# テキストセグメント
    .text
main:
# $v0 にシステムコールコード "4" をロード
li $v0, 4
# $a0 に出力したい文字列のアドレスをコピー
la $a0, msg
# syscall 命令を実行
syscall

jr $ra
```

図 3.19　整数・文字列の出力プログラム例

## 整数を入力

```
    .text
main:
# $v0 にシステムコールコード "5" をロード
li $v0, 5

# syscall 命令を実行
syscall

jr $ra
```

Console から整数を入力して Enter キーを押すと，入力した整数が $v0 に格納される．

Console から入力された文字列は直接データセグメントに格納される．格納先は，msg というラベルの指し示すアドレスである．

## 文字列を入力

```
# データセグメント
.data
# 入力文字列の格納場所をメモリに用意
  (↓の例は 4 文字分確保)
# 入力したい文字数+1 にする．結果，5
  バイト確保される
msg: .space 5

# テキストセグメント
    .text
main:
# $v0 にシステムコールコード "8" をロード
li $v0, 8
# $a0 に入力文字列の格納先メモリのアドレスを代入
la $a0, msg
# $a1 に入力を許す文字列数を格納 (入力したい文字数+1 で)
li $a1, 5
# syscall 命令を実行
syscall

jr $ra
```

図 3.20　整数・文字列の入力プログラム例

### 3.3.3 レジスタとメインメモリ

MIPS の様々な命令は，オペランドにレジスタを指定するものが多い．ここで，MIPS が用意している汎用レジスタは 32 個であることに注意する必要がある．MIPS では，高水準言語のように計算に利用するための変数を自由に定義することができないため，32 個のレジスタをやりくりして計算しなければならない．さらに，特殊な用途に割り当てられているレジスタも多いので，プログラムで自由に利用できるレジスタの数はより少なくなることになる．システムコールや後述する関数やスタックで用いるレジスタを除くと，一時変数用に定義（表 3.1）されている $t0～$t7, $s0～$s7 の 16 個を使うことになる．また，$t は関数の呼出し前後で値の同一性を保証しなくてもよいが，$s は値の同一性を保証しなければならないという制約に注意する必要がある．

命令はオペランドにどのレジスタでも指定することができ，$zero を除いて内容を上書きすることも可能ではある．そのため，利用可能なレジスタ数を超えるデータを扱いたい場合は，メインメモリを使ってデータの一時保存をする必要がある．メインメモリにデータを一時保存する方法には，データセグメントを利用する方法とスタックを利用する方法がある．

まずは，MIPS でのメインメモリの使い方を図 3.21 に示す．先頭にテキストセグメントがあり，中盤にはデータセグメントを配置する．データセグメントは，プログラムの実行前にサイズの決まる静的なデータを配置する領域と，プログラムの実行中に適宜メモリを確保しなければならない動的な領域の 2 種類に分けられる．動的な領域には，システムコールを使ってメモリを確保するヒープと，スタックセグメントを使ってメモリを確保するスタックの 2 種類がある．ヒープでは **sbrk** システムコールを利用し，スタックはスタックポインタ（$sp）を操作することで利用することができる．本書では後者を説明する．

それではメインメモリへのデータの保存と読込みを行うための命令である，**sw** と **lw** 命令の利用方法を説明する．これらの命令は CPU に搭載されたレジスタとメインメモリという物理的に異なる装置間でデータをやり取りするため**データ転送命令**と呼ばれる．表 3.6 に **sw**, **lw** 命令の使い方を示す．オペランドとして，2 つのレジスタと 1 つの定数を指定する．これらの命令の要点は，1 つのレジスタと定数を使ってメインメモリのアドレスを指定し，そのアドレスに対してデータのストアとロードを行うことにある．**sw**, **lw** では，アクセスした

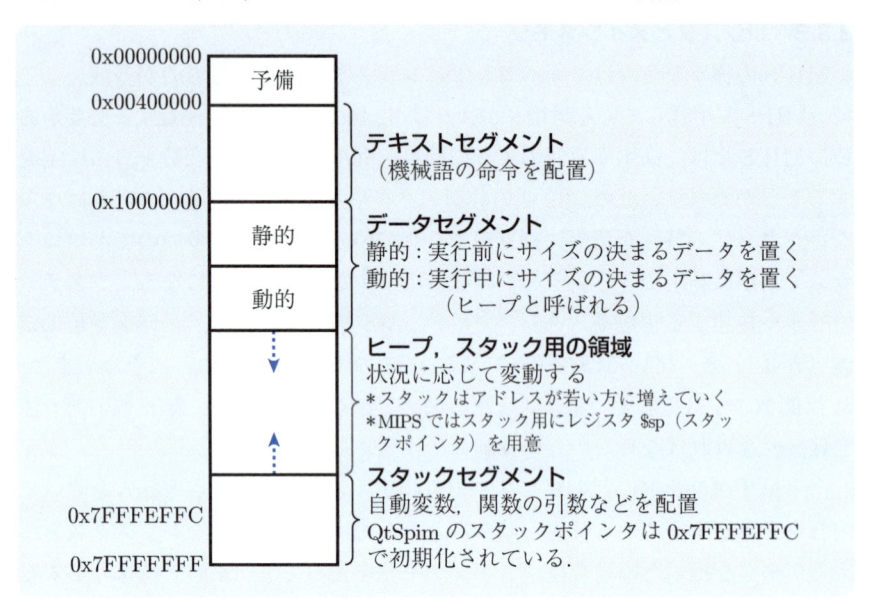

## 図 3.21 MIPS アーキテクチャのメインメモリの使い方

```
0x00000000  ┐
            │ 予備
0x00400000  ┘
            ┐
            │ テキストセグメント
            │ （機械語の命令を配置）
0x10000000  ┘
            ┐
            │ 静的    データセグメント
            │        静的：実行前にサイズの決まるデータを置く
            │ 動的    動的：実行中にサイズの決まるデータを置く
            │               （ヒープと呼ばれる）
            │
            │        ヒープ，スタック用の領域
            │        状況に応じて変動する
            │        *スタックはアドレスが若い方に増えていく
            │        *MIPSではスタック用にレジスタ $sp（スタッ
            │         クポインタ）を用意
            │
            │        スタックセグメント
            │        自動変数，関数の引数などを配置
0x7FFFEFFC  │        QtSpim のスタックポインタは 0x7FFFEFFC
0x7FFFFFFF  ┘        で初期化されている．
```

### 表 3.6 sw, lw 命令の書き方

| 命令 | 文法 | 意味 |
| --- | --- | --- |
| メインメモリに<br>データを格納<br>（ストア） | sw $s0, 定数($s1) | $s1 + 定数 で算出するメモリアドレスに<br>$s0 のデータを格納（32 ビット） |
| メインメモリの<br>データを読込み<br>（ロード） | lw $s0, 定数($s1) | $s1 + 定数 で算出するメモリアドレスに<br>格納されたデータ（32 ビット）を $s0 に<br>読込み |

い起点になるアドレスを格納したベースレジスタを用意し，「ベースレジスタに格納されたアドレス＋定数」でロード／ストアしたいアドレスを表現している．定数を変えることで，アクセスしたいアドレスを変動させることができる．図 3.22 に，命令の具体的な利用イメージを示す．ラベルと `la` 命令を使ってベースレジスタを作成し，定数を変えることでアクセスするアドレスを制御している．また，`sw`，`lw` 命令は 4 バイト（32 ビット）単位でデータのストアとロード

## 3.3 実際のプログラムの動作

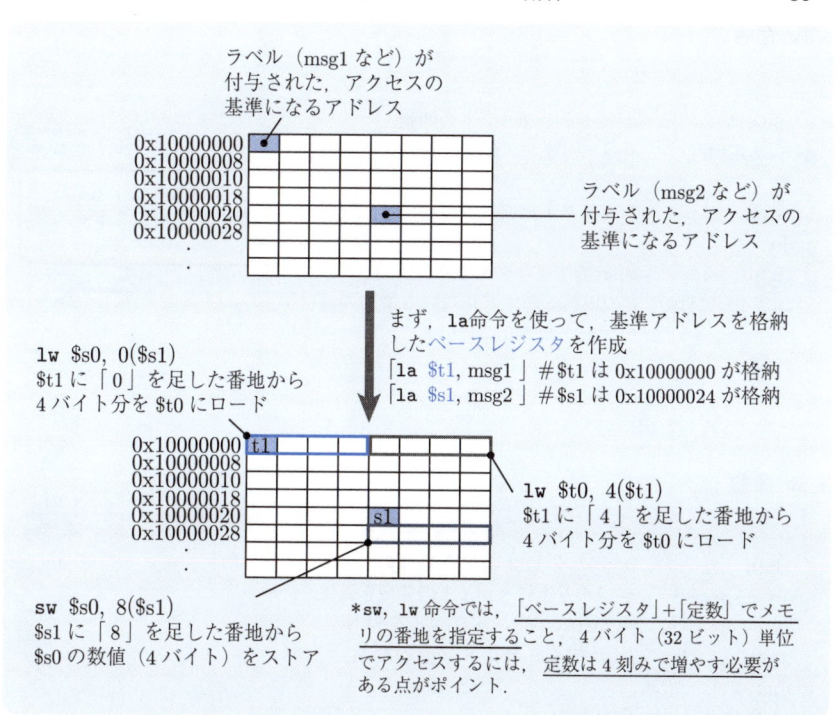

**図 3.22** lw, sw 命令とメインメモリのアドレスの関係

を行うので，定数は基本的に 4 刻みで変動させる．プログラム例は図 3.23 のようになる．

次に，メインメモリの**スタックセグメント**を使ったレジスタ内のデータの一時退避を示したプログラム例を図 3.24 に示す．スタックは図 3.21 に示したように，アドレスの大きな方から小さな方に向かって領域を確保していく．スタックポインタ ($sp) には利用可能なスタックの起点のアドレス (0x7FFFEFFC) が最初から保存されているので，addi 命令を使って必要な領域を確保する．保存したいレジスタの数 × 4 バイト分を確保すればよい．確保の際に，addi 命令のオペランドである定数をマイナスの値にするのがポイントである．図では，サブルーチンの呼出し (jal 命令) 前にスタックにレジスタの情報を保存し，呼出し後にレジスタを元に戻している．元に戻した後に，スタックポインタも確保した分を addi 命令で元に戻す必要がある．

## ● lw 命令

```
    .data        # データセグメントの開始
src : .word 9    # メモリ上に "9"（10 進数）を格納し，
                 # src というラベルを付与
    .text        # テキストセグメントの開始
main :
    la $t0, src       # src のアドレスを $t0 に格納
    lw $s0, 0($t0)    # $t0（src のアドレス）+0 番地の
                      # データを $s0 にロード
    jr $ra
```

> $t0 をベースレジスタにする処理
> src というラベルが示すアドレスを
> $t0 に格納

## ● sw 命令

```
    .data        # データセグメントの開始
array : .space 8 # メモリ上に 8 バイトの領域を確保し，
                 # "array" というラベルを付与
    .text        # テキストセグメントの開始
main :
    li $t1, 1         # $t1 = 1
    li $t0, array     # "array" のアドレスを $t0 に代入
    sw $t1, 0($t0)    # $t1 のデータを $t0 + 0 から格納
    sw $t1, 4($t0)    # $t1 のデータを $t0 + 4 から格納
    jr $ra
```

⬇

8 バイトの領域を確保し，4 バイトごと
にデータを格納していく

図 3.23　lw, sw 命令のプログラム例

## 3.3 実際のプログラムの動作

```
.text
function:
  li $t0, 123
  jr $ra


main:
  addi $sp, $sp, -4
  sw $ra, 0($sp)

  jal function

  lw $ra, 0($sp)
  addi $sp, $sp, 4

  jr $ra
```

} スタックポインタ（$sp）を addi 命令でずらすことでメモリに領域を確保し，$sp をベースレジスタとする sw 命令により，メモリに値を一時保存．

} レジスタを使い終わったら lw 命令でレジスタの状態を元に戻し，addi 命令でスタックポインタも戻しておく．

```
.text
function:
  li $t0, 123
  jr $ra


main:
  addi $sp, $sp, -12
  sw $ra, 0($sp)
  sw $s0, 4($sp)
  sw $s1, 8($sp)

  jal function

  lw $ra, 0($sp)
  lw $s0, 4($sp)
  lw $s1, 8($sp)
  addi $sp, $sp, 12

  jr $ra
```

} スタックポインタ（$sp）を addi 命令でずらすことでメモリに領域を確保し，$sp をベースレジスタとする sw 命令により，メモリに値を一時保存．

} レジスタを使い終わったら lw 命令でレジスタの状態を元に戻し，addi 命令でスタックポインタも戻しておく．

図 3.24　スタックを利用するプログラム例

### 3.3.4　ループとサブルーチンとラベル

プログラムでは，ひとまとまりの処理を何度も繰り返す**ループ**と，再利用可能な形に一連の機能をまとめた**サブルーチン**（**関数**）という概念が重要である．ラベルがどういうものなのかを図 3.25 に示す．ラベルは，データセグメントで定義したデータや，テキストセグメントの一部をマーキングするための識別子として利用する．その実態はメインメモリのアドレスである．プログラマがメインメモリのアドレスを意識してプログラミングするのは開発効率が悪いため，アドレスを文字列に置き換えている．これがラベルである．ループや関数は，このラベルを用いて記述する．

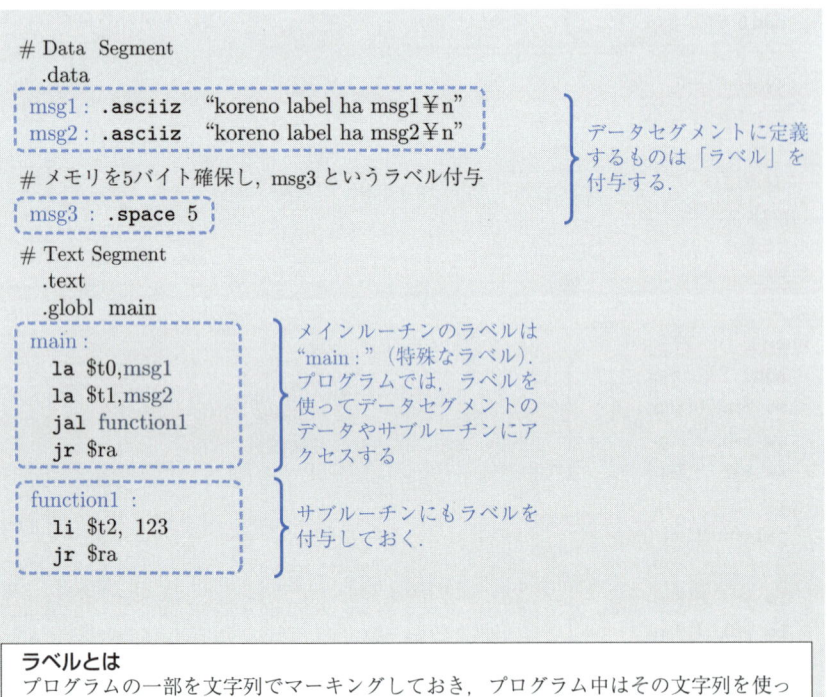

```
# Data Segment
  .data
 msg1: .asciiz  "koreno label ha msg1\n"
 msg2: .asciiz  "koreno label ha msg2\n"
# メモリを5バイト確保し，msg3 というラベル付与
 msg3: .space 5
# Text Segment
  .text
  .globl main
 main:
   la $t0,msg1
   la $t1,msg2
   jal function1
   jr $ra

 function1:
   li $t2, 123
   jr $ra
```

データセグメントに定義するものは「ラベル」を付与する．

メインルーチンのラベルは "main:"（特殊なラベル）．プログラムでは，ラベルを使ってデータセグメントのデータやサブルーチンにアクセスする

サブルーチンにもラベルを付与しておく．

---

**ラベルとは**
プログラムの一部を文字列でマーキングしておき，プログラム中はその文字列を使ってマーキングした場所にアクセスできるようにするためのもの．
"文字列" + ":" で構成される（例 [LABEL:]）．
このラベルの実体は，データセグメントやテキストセグメントのアドレスである．ラベル名は特殊なものを除き，自由に命名できる．

---

図 3.25　ラベルのプログラム例（プログラムの一部をマーキング）

## 3.3 実際のプログラムの動作

ループのプログラム例を図 3.26 に示す．ループを記述するときのポイントは

(1) ループ処理の開始箇所と終了箇所の 2 箇所にラベルを付与する（図では LOOP と Exit）
(2) ループの終了条件を仕込む（図ではレジスタの値を比較する beq 命令を利用）
(3) j 命令で LOOP の開始箇所のラベルにジャンプする

の 3 点である．

次に，サブルーチン（関数）のプログラム例を図 3.27 に示す．サブルーチンを記述するときのポイントは

(1) サブルーチンの開始場所にラベルを付与し終了箇所には「jr $ra」命令
(2) サブルーチンへの引数は $a を利用し実行結果である戻り値は $v を使う
(3) 関数の呼出しは jal 命令を利用（この命令は自身の次の命令のアドレスを自動的に $ra にセットする）
(4) $ra はスタックに退避しておきサブルーチンの実行後に元に戻す

の 4 点である．特に重要なのは $ra の扱いであり，実はメインルーチンも jal 命令で呼び出されているので，$ra のスタックへの退避を忘れるとプログラムが正常に終了しなくなるので注意が必要である．

```
.text
main:
  li   $s0, 10            ループの実行回数を設定
  li   $s1, 0             ループの実行回数計測用のレジスタを初期化
  li   $s2, 100           ループでの処理で利用するレジスタを初期化
LOOP:                     ループ処理開始を示すラベル
  addi $s2, $s2, 5        ループでの処理を記述
  beq  $s1, $s0, Exit     ループの終了条件を判定 ($s1＝$s0 で Exit にジャンプ)
  addi $s1, $s1, 1        終了条件判定のため、実行回数を保存
  j    LOOP               LOOP ラベルに戻るジャンプ命令

Exit:                     ループの終了ラベル
  jr   $ra
```

図 3.26 ループのプログラム例

```
.text
function1:                ラベル (function1) から「jr $ra」までがサブルーチン.
  add  $v0, $a0, $a1      $a は関数への引数として、$v は関数からの戻り値
  jr   $ra                として利用されるレジスタ.
                          $ra には関数呼出し命令 jal の次の番地が格納され
                          ている. jr はアドレスに直接ジャンプする命令.

main:                     メインルーチンの開始ラベル. これも「関数」.
  li   $a0, 100           関数への引数を準備. $a は引数として利用するよう,
  li   $a1, 200           MIPS では定めている.
  addi $sp, $sp, -4       関数の呼出し前には $ra の値を必ず一時保存.
  sw   $ra, 0($sp)        jal 命令は $ra を上書きする.

                          jal 命令は関数を実行する命令. ラベルにジャンプする
  jal  function1          点は j 命令と同じだが, 自身の次の命令のアドレス
                          (＝関数からの戻りアドレス) を自動的に $ra にセット
                          する.

  lw   $ra, 0($sp)        $ra の値を復帰. これは main 関数が呼出し元に戻る
  addi $sp, $sp, 4        ときに必要.

#(関数の実行結果は $v0 に格納)  関数の実行結果は $v を参照すれば分かるようにして
                          おく.
  jr   $ra                メインルーチンの呼出し元にジャンプし, プログラム
                          の終了処理を行う.
```

図 3.27 サブルーチン (関数) のプログラム例

## ● 演習問題

### MIPS の命令セットと機械語

☐ **3.1** 次の命令を機械語に変換せよ．ただし，変換に利用する数値は，表 3.1 と表 3.3 を参照すること．
  (1) `add $t0, $t1, $t2`
  (2) `sub $s0, $t0, $t1`
  (3) `addi $t0, $s1, 128`
  (4) `sw $s1, 16($t0)`
  (5) `j 1024`

☐ **3.2** 機械語「0x02119020」を命令に変換し，どのようなレジスタが利用されているのかを答えよ．ただし，この命令は `add` である．

☐ **3.3** MIPS の機械語において，レジスタは 5 bit で表現されている．5 bit になっている理由を説明せよ．

☐ **3.4** 図 3.16 をテキストエディタ（Windows のメモ帳など）に打ち込み，次に図 3.18 に示すプログラムを「main:」から「jr $ra」の間に入力して動作を確認せよ．

☐ **3.5** 図 3.16 をテキストエディタ（Windows のメモ帳など）に打ち込み，次に図 3.19 に示すプログラムを入力せよ．さらに，データセグメントに入力するものについては「.data」から「.text」の間に，テキストセグメントに入力するものについては「main:」から「jr $ra」の間に入力して動作を確認せよ．

☐ **3.6** 図 3.16 をテキストエディタ（Windows のメモ帳など）に打ち込み，次に図 3.20 に示すプログラムを入力せよ．さらに，データセグメントに入力するものについては「.data」から「.text」の間に，テキストセグメントに入力するものについては「main:」から「jr $ra」の間に入力して動作を確認せよ．

☐ **3.7** 図 3.16 をテキストエディタ（Windows のメモ帳など）に打ち込み，次に図 3.23 に示すプログラムを入力せよ．さらに，データセグメントに入力するものについては「.data」から「.text」の間に，テキストセグメントに入力するものについては「main:」から「jr $ra」の間に入力して動作を確認せよ．

## 第3章　MIPSアーキテクチャとアセンブリ言語

□ **3.8** 図3.16をテキストエディタ（Windowsのメモ帳など）に打ち込み，次に図3.24に示すプログラムを入力せよ．さらに，データセグメントに入力するものについては「.data」から「.text」の間に，テキストセグメントに入力するものについては「main:」から「jr $ra」の間に入力して動作を確認せよ．

□ **3.9** 図3.16をテキストエディタ（Windowsのメモ帳など）に打ち込み，次に図3.25に示すプログラムを入力せよ．さらに，データセグメントに入力するものについては「.data」から「.text」の間に，テキストセグメントに入力するものについては「main:」から「jr $ra」の間に入力して動作を確認せよ．

□ **3.10** 図3.16をテキストエディタ（Windowsのメモ帳など）に打ち込み，次に図3.26に示すプログラムを入力せよ．さらに，データセグメントに入力するものについては「.data」から「.text」の間に，テキストセグメントに入力するものについては「main:」から「jr $ra」の間に入力して動作を確認せよ．

□ **3.11** 図3.16をテキストエディタ（Windowsのメモ帳など）に打ち込み，次に図3.27に示すプログラムを入力せよ．さらに，データセグメントに入力するものについては「.data」から「.text」の間に，テキストセグメントに入力するものについては「main:」から「jr $ra」の間に入力して動作を確認せよ．

□ **3.12** 「lw $s0, 64($t1)」という命令について，$t1 = 0x10000000のときにアクセスされるメインメモリのアドレスを答えよ．

# 第4章
# MIPSアーキテクチャ内部構成

　本章では，3章で示したMIPS命令がプロセッサ内部でどのように解釈されて実行されていくのかを，順を追って示していく．

　プロセッサの内部設計は街づくりに類似したところがある．何もない広大な荒れ野原に新しく街を作ることを考えてみていただきたい．人が住めるようにするには家屋やマンションを建てなければならない．その住居を建築するためには，まずは物資を運ぶための道路が必要となる．街を区画し，その区画との間をつなぐ道ができ，トラックや自動車が通れるようになっても，無秩序にそれらが行き来すると，あちこちで衝突が生じる．その流れを制御するために信号機を設置し，それを制御する管制局により，円滑な物資の流れを作るのである．それと同じようなアプローチがプロセッサの内部設計でも行われる．

　プロセッサの内部設計はプロセッサマイクロアーキテクチャと呼ばれ，この分野だけで国際会議が開催され，その論文の質は非常に高く，まだまだ研究すべきことが数多く残されている．こういった研究には最新の技術が考案され発表されているが，その基本となるアーキテクチャがあり，この章ではその基本をしっかりと学んでいこう．

データパス
制御ユニットの内部論理
各命令実行時の
　　制御ユニットからの制御信号
最終データパスの構築と
　　ハードウェア実装

## 4.1 データパス

　前述のように，街づくりには物資を運ぶための道路が必要となる．プロセッサの内部で，その道路に相当するものが**データパス**（datapath）なのである．3章に示した命令をもとに，プロセッサの内部にある様々なコンポーネント間を流れるデータの通るデータパスと，その動作を解説していく．

　最初に内部構造の全体を図 4.1 に示しておこう．一見複雑に見え，こんな図を目の当たりにするとひるんでしまうかも知れないが，一つずつ紐解いていくと，それほど難しいものではないということが後に分かるはずである．

　他の書籍では，最初に命令の読み込み（命令フェッチ）から内部パスの構築に入る場合が多いのであるが，本書では異なったアプローチを採ることとする．まず，最も多く実行され，演算命令の基本となる R 形式命令のためのデータパスを示す．

　次に I 形式命令の中でもロード／ストア命令のためのデータパスを示した後に，命令フェッチのためのデータパスとの統合を行う．続いて R 形式命令の実行データパスとの統合を経て，I 形式の中の即値命令のためのデータパス，さらには条件分岐命令のためのデータパスと続いていく．

　最後に J 形式命令の実行データパスを示し，これらを統合していくことで図 4.1 の最終データパスができあがることとなる．

　なお，本章で示したブロック図，回路図の元データはすべてフリーウェアの回路図エディタ BSch（通称ビースケ）を用いて描いた．この回路図エディタが便利であるのは，信号線やバスが接続された状態でパーツなどを移動（ドラッグ）できることと，必要なパーツライブラリを自分で設計し追加できることにある．以下のサイトにて入手できるので，本章で示した回路図やブロック図をただ目で追うのではなく，自分でも描いてみると理解が深まるので是非お勧めする．

http://www.suigyodo.com/online/schsoft.htm

4.1 データパス

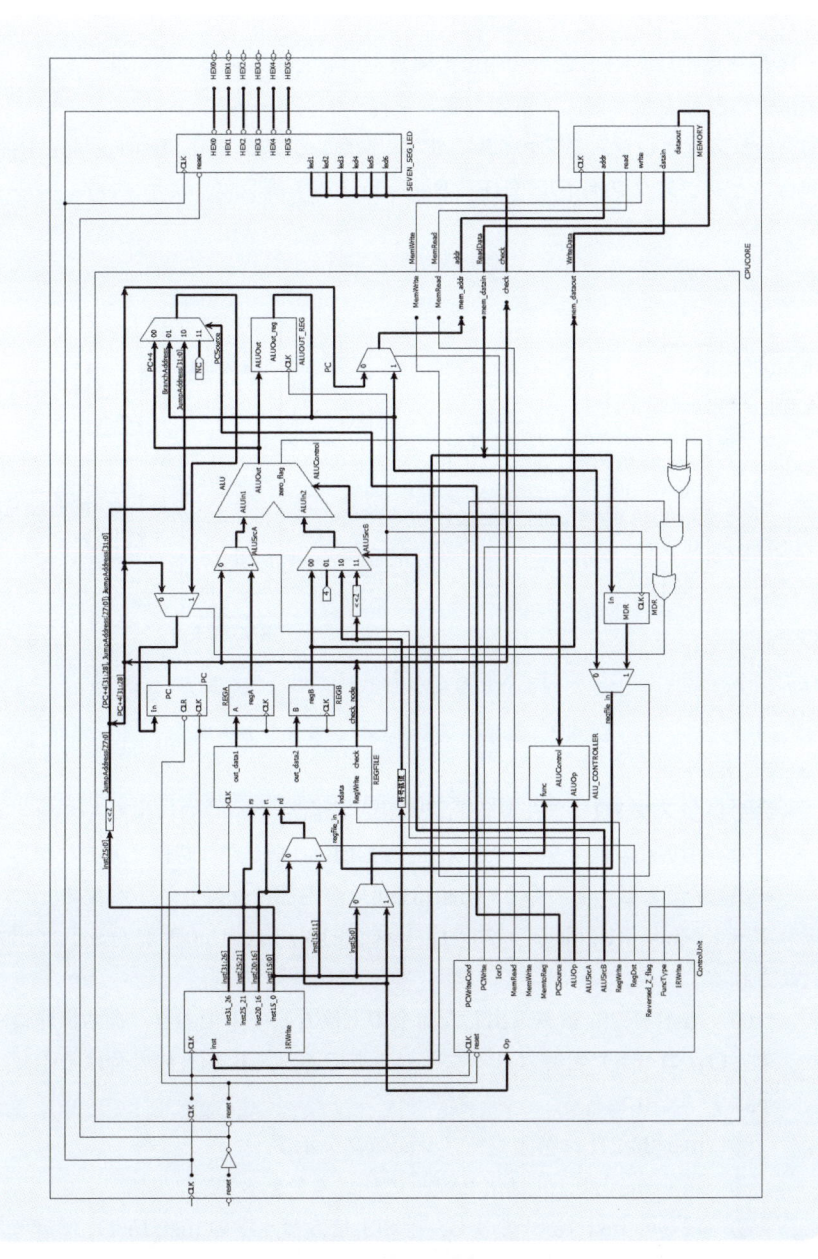

**図 4.1** 対象となる簡易 MIPS アーキテクチャの全体図

### 4.1.1 命令レジスタと R 形式命令

R 形式命令は MIPS 命令の中でも演算を中心とする重要な命令群である．まずはその動作を示す前に，重要な働きを行うモジュールについて示していく．

**命令レジスタとレジスタファイル**　まず，命令レジスタ（IR：Instruction Register）とレジスタファイル（RF：Register File）を図 4.2 に示す．

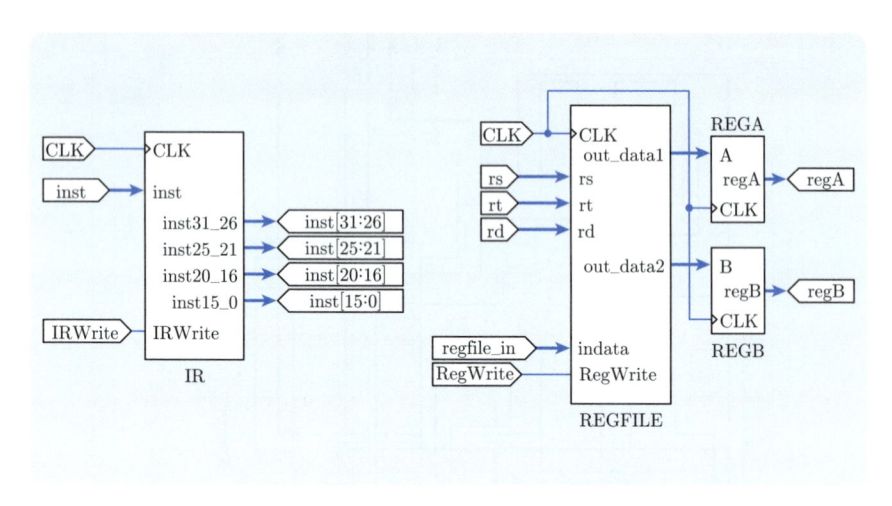

**図 4.2** 命令レジスタとレジスタファイル

- **命令レジスタ IR**：メモリから読み出した命令を一時的に保持しておくもので，IRWrite 信号を 1 にセットし，CLK の立上がり時に，メモリから読み出した 32 ビットの命令（inst[31:0]）が内部に保持され，右側の 4 つのポート（inst[31:26], inst[25:21], inst[20:16], inst[15:0]）に分かれて出力される．

　① inst[31:26] は読み出した命令の上位 6 ビットであり，**命令操作コード**（**Op** コード）と呼ばれるフィールドである．R 形式の場合はこのビットはすべて 0 である．

　② inst[25:21] は第 1 ソースレジスタを示す．

　③ 続く inst[20:16] は第 2 ソースレジスタを示す．

　④ 残りの inst[15:0] のうち，その上位 5 ビットの inst[15:11] はディスティネーションレジスタを示し，次の 5 ビットである inst[10:6] は，シフ

## 4.1 データパス

ト量を示す shamt フィールドとなる．しかしながら，shamt については本章では扱わない．最後の 6 ビット inst[5:0] は機能（func）フィールドであり，R 形式命令では，この 6 ビットのビット列に従って演算や動作の種類が決まる．

- **レジスタファイル RF**：読出し用に 5 ビットの 2 つのポート（rs と rt）と，書込み用のポート（rd）を持ち，それぞれ 32 本ある中の 1 つのレジスタを指定する．rs と rt の値が示すレジスタ番号の内容が，それぞれ out_data1，out_data2 に出力される．書き込むレジスタ番号を rd により与え，indata に 32 ビットの値を設定し，RegWrite 信号に 1 を与えれば，CLK の立上がり時点で，rd で示したレジスタに指定したデータが書き込まれる．レジスタファイルからの出力は次に述べる ALU における演算のために保持しておく必要があり，そのために regA と regB の 2 つのレジスタがある．

**算術演算ユニット ALU と ALU 制御**　R 形式命令における加減算や論理演算などの計算を担うモジュールが **ALU**（Arithmetic Logic Unit）である．どのような演算を行うかは，ALU を制御する ALU_Controller から出力される 3 ビットの ALUControl 信号により決まる．その 3 ビットのビット列は，命令レジスタの**機能フィールド**である inst[5:0] と**制御ユニット**（control unit）から出力される 2 ビットの ALUOp の組合せにより決定される．ALU の出力 ALUOut はレジスタ ALUOut_reg に，演算結果としてレジスタファイルに書き込むために保持される．以上を示したものが図 4.3 である．

**R 形式命令の実行データパス**　以上のモジュールを接続した，R 形式命令実行のためのデータパスを図 4.4 に示す．

　本書で解説する R 形式命令を表 4.1 に示す．

　命令レジスタに保持された Op コードのビット列はすべて 0 になっており，これらの命令は，機能（func）コードにより区別され，ALUControl 信号が作られる．各命令に対応する ALUControl 信号を表 4.2 に示す．

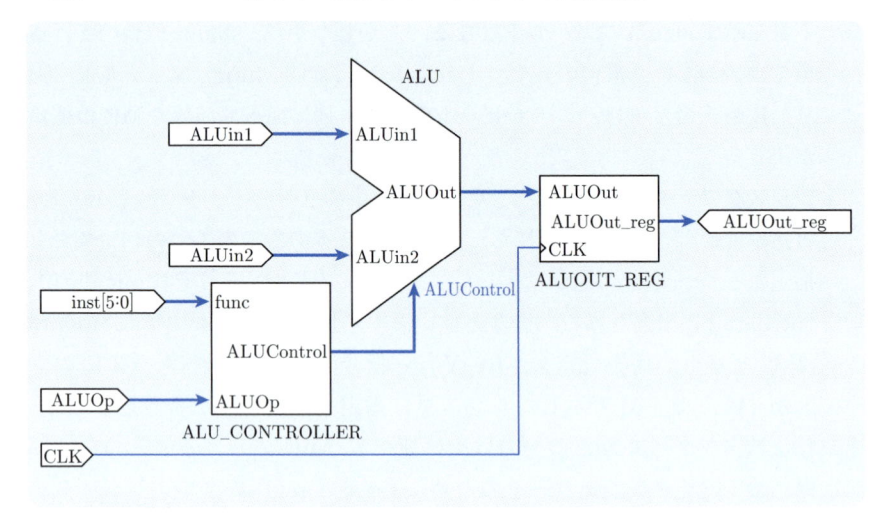

図 4.3 ALU と ALU 制御

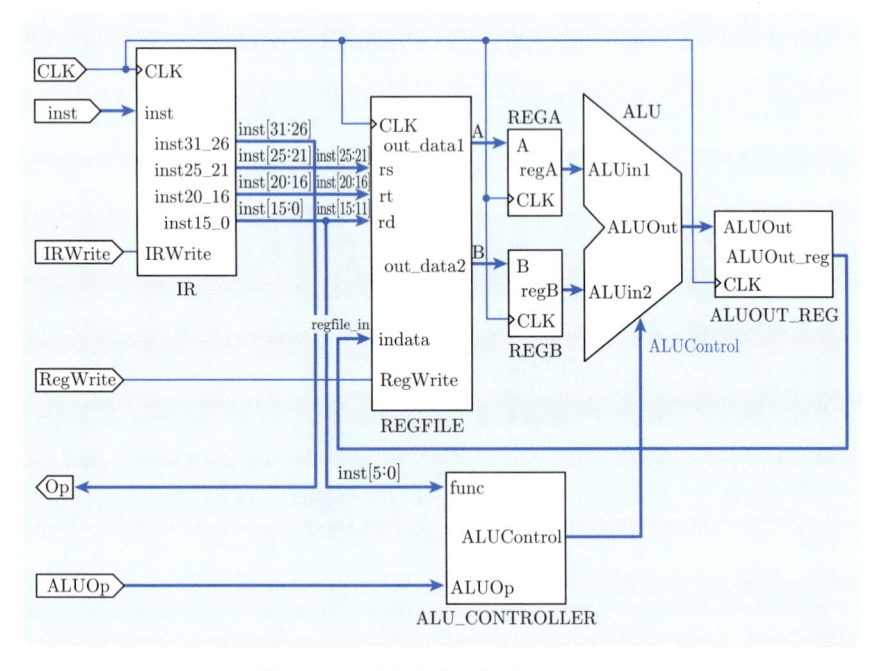

図 4.4 R 形式命令・実行データパス

## 4.1 データパス

表 4.1 対象とする R 形式命令と機能コード

| 命令 | 機能 | 機能コード |
|---|---|---|
| add | レジスタ加算 | 100000 |
| sub | レジスタ減算 | 100010 |
| and | 論理積 | 100100 |
| or | 論理和 | 100101 |
| slt | レジスタ比較 | 101010 |

表 4.2 ALUControl 信号と機能コード

| Op コード | ALUOp | 命令 | 機能コード | ALUControl 信号 |
|---|---|---|---|---|
| 000000 | 10 | add | 100000 | 010 |
| 000000 | 10 | sub | 100010 | 110 |
| 000000 | 10 | and | 100100 | 000 |
| 000000 | 10 | or | 100101 | 001 |
| 000000 | 10 | slt | 101010 | 111 |

> **コラム**　パーソナルコンピュータが今ほど一般に利用できる状況になかった時代，BSch や OrCAD のような回路図作成ソフトウェアもなく，B4 や A3 といったサイズの方眼紙にシャープペンシルと消しゴム，さらに AND ゲートや OR ゲートなどを型取ったテンプレートを駆使して回路図やブロック図を描いていた．信号線が混み入って，もうこれ以上線が引けなくなるとせっかく描いたモジュールを移動しなければならなくなり，そういった場合には泣く泣く消しゴムで消して描き直すこととなる．回路図 CAD の出現で，このようなフラストレーションが鬱積する状況からは解放され，涙が出るほど感激したことが懐かしい．　　　　　　　　　　　　　　　　　　　○

## 第4章 MIPS アーキテクチャ内部構成

**R形式命令の実行メカニズム**　R形式命令がどのように実行されていくのかを，データパスおよび制御信号を追いながら説明していこう．

- **命令フェッチ**：図 4.5 に示すように，まずメモリから読み出された 32 ビットの命令は inst として命令レジスタに入力される．IRWrite 信号を 1 にして，CLK 信号の立上がりで命令レジスタに保持される．

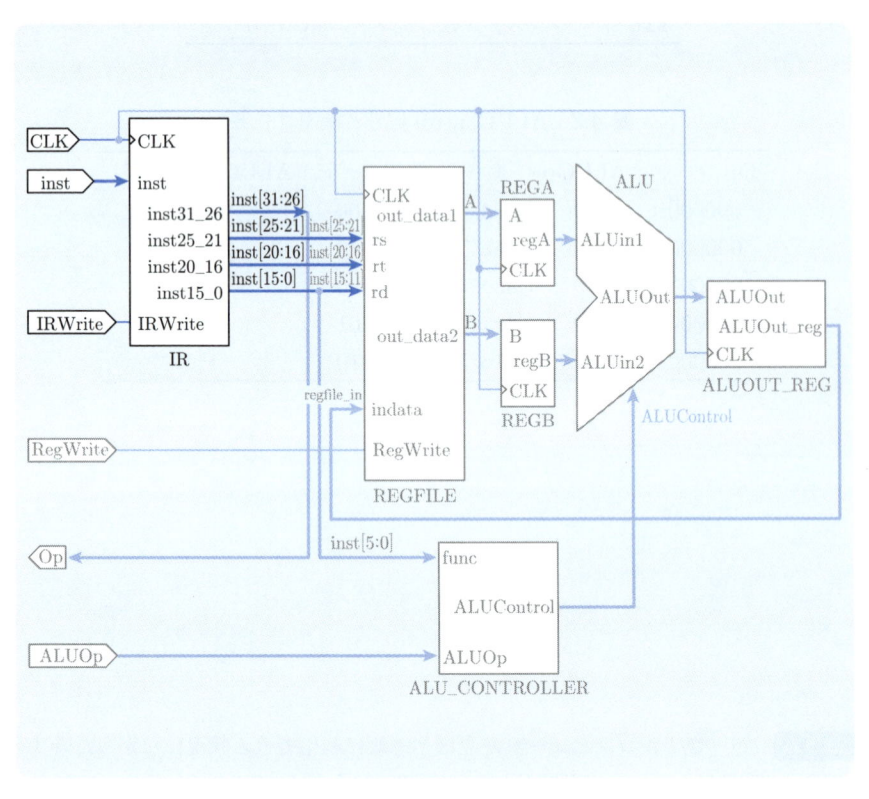

図 4.5　R 形式命令・命令フェッチ

## 4.1 データパス

- **命令実行**：命令を実行するときに動作するモジュールやバス，信号線を図 4.6 に示す．命令レジスタにセットされた上位 6 ビット inst[31:26] は制御ユニットに Op コードとして入力される．R 形式命令ではその値が全て 0 になっていることから，制御ユニットは表 4.2 に従って ALUOp に $10_{(2)}$ を出力する．ALU_Controller は，func に入力された機能コード inst[5:0] に従って ALUControl を出力し，ALU がその演算を実行する．レジスタファイルは，inst[25:21] で指定された第 1 レジスタ，inst[20:16] で指定された第 2 レジスタを出力し，その値は 2 つのレジスタ regA, regB に読み込まれ，その 2 つの値は ALU に入力され，先ほど ALUControl で指定された演算を実行し，その結果は ALUOut_reg にセットされる．

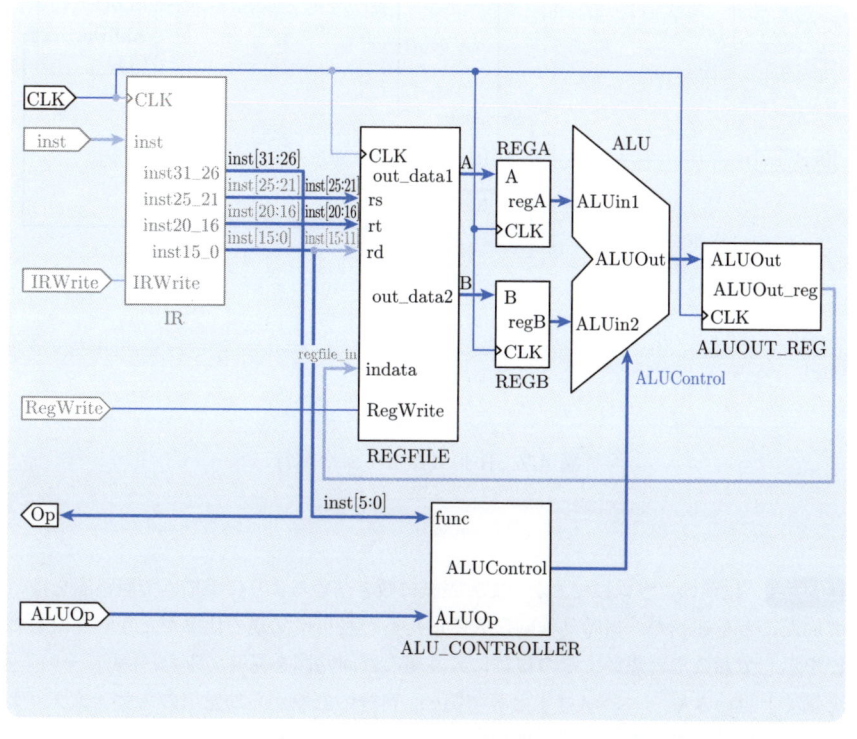

図 4.6 R 形式命令・命令実行

- **結果書込み**：演算結果を書き込むときに動作するモジュールやバス，信号線を図 4.7 に示す．ALUOut_reg に書き込まれた値はレジスタファイルの indata に入力され，inst[15:11] で書き込むレジスタを指定する．制御ユニットは RegWrite を 1 にセットして，CLK 信号の立上がりで，その指定したレジスタに演算結果が書き込まれ，R 形式命令の実行は完了する．

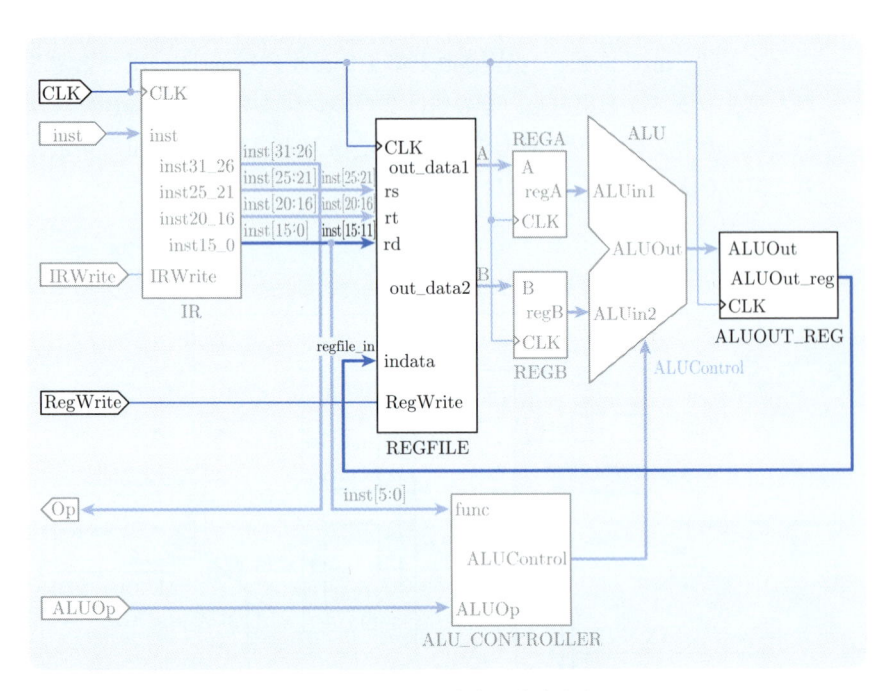

図 4.7  R 形式命令・命令実行

> **コラム**　以前のコラムにて，かつて方眼紙に敷き詰めるように手描きで回路図を描いていたことを述べた．当時幼稚園に入る前だった長男に父親の仕事がどういったものかを示しておこうと思い，その複雑に入り組んだ回路図を見せてみた．「すごーい！」と驚くと思いきや，「へへん！」と鼻で笑い，自分の部屋から幼児用のスケッチブックを目の前に持ってきて，広げて見せてくれた．そこにびっしりと描かれていたものは自作の迷路で，かなり複雑に通路が入り組んでいた．それを見て「マイッタ！」とほくそ笑みながらうなだれた！　父親の仕事は迷路作りだと信じてしまったようだ．　○

## 4.1.2 I形式命令の実行データパス

本書で解説する**I形式命令**とその命令操作コード（Opコード）および各命令のOpコードにより出力される主なALUOpを以下の表4.3に示す．

表 4.3 対象とするI形式命令

| 命令 | 機能 | Opコード | ALUOp |
|---|---|---|---|
| lw | ロード命令 | 100011 | 00 |
| sw | ストア命令 | 101011 | 00 |
| beq | 条件分岐 | 000100 | 01 |
| bne | 条件分岐 | 000101 | 01 |
| addi | 定数加算 | 001000 | 10 |
| andi | 定数論理積 | 001100 | 10 |
| ori | 定数論理和 | 001101 | 10 |

ここではまず，I形式命令の中でも，特にメモリアクセスを行うMIPS命令について示す．メモリから32ビットデータを読み出すことを**ロードワード lw**（load word），書き込むことを**ストアワード sw**（store word）命令と呼ぶ．これらの命令の動作を示す前に，まずは，重要な働きをするモジュールについて示そう．

**メモリとメモリデータレジスタ**　メモリと**メモリデータレジスタ**（MDR：Memory Data Register）を図4.8に示す．メモリはAdderssバス信号により，読み書きするアドレスを指定し，MemRead信号を1にセットすれば，CLKの立上がりでdataoutにロードすべきデータが出力される．アドレスを指定して，書き込みたいデータをWriteDataに設定し，MemWrite信号を1にセットすれば，CLKの立上がりでストアされる．メモリにはさまざまな種類があり，アドレスを与えてリード信号やライト信号をアクティブに（アサート）するだけで，クロック信号には同期せずに読み書きの動作をするものもある．ここで扱うメモリはリード，ライトともにクロックに同期するものを想定した．

メモリデータレジスタMDRは，ロードした値を保持しておくためのレジスタであり，CLKの立上がりでメモリから出力されたdataoutの値をReadDataとして保持する．

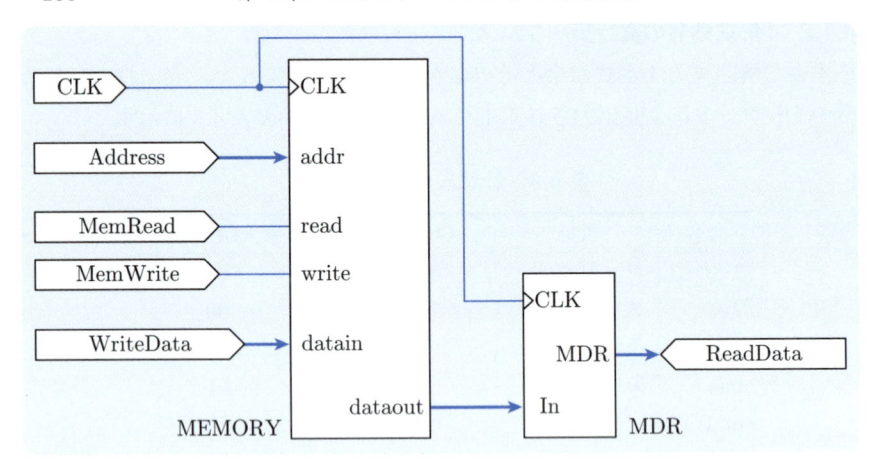

図 4.8　メモリとメモリデータレジスタ

**符号拡張**　メモリアクセス命令では，メモリに与えるアドレスは第1ソースレジスタの値とディスプレースメント（displacement）の値との加算により得られる．ディスプレースメントは，I形式命令における下位16ビット（inst[15:0]）によって符号付き数値として与えられる．しかし，ソースレジスタの値は32ビットであり，ビット数が異なる．このため，ディスプレースメントの方を32ビットに変換するためには，図4.9に示すような符号拡張を行う必要がある．すなわちinst[15:0]の符号ビットにあたるビットinst15が0であれば，ディスプレースメントの上位16ビットは0とする．また，inst15が1であれば，上位16ビットを全て1にすることによって，正負の符号情報を保持したまま32ビットに拡張するのである．

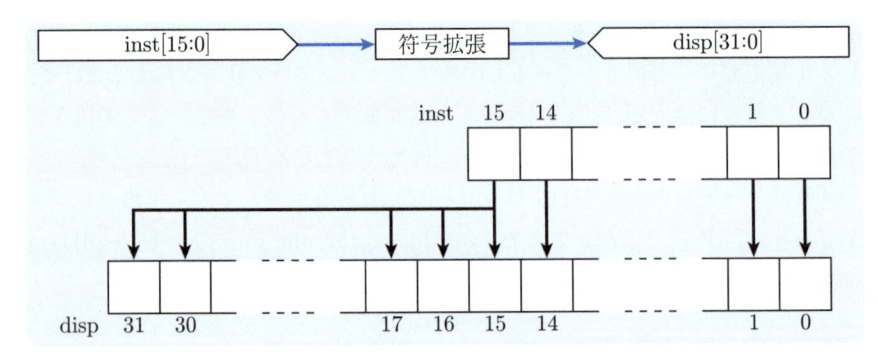

図 4.9　符号拡張

## 4.1 データパス

**ロード命令の実行データパス** 以上のモジュールを接続した，I 形式の `lw` 命令実行のためのデータパスを，以下の図 4.10 に示す．

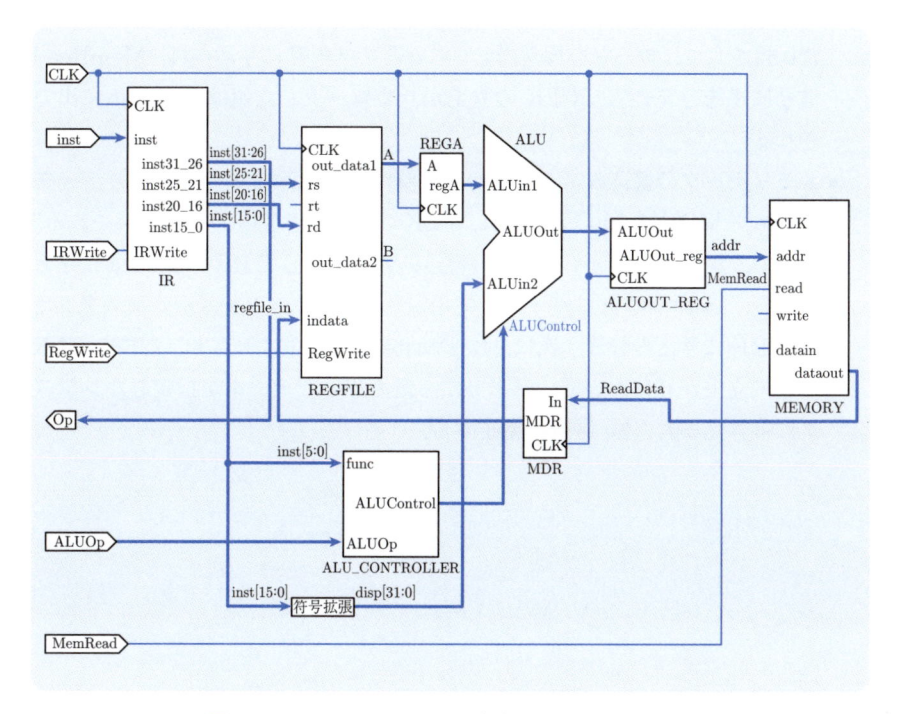

**図 4.10** ロードワード `lw` 命令の実行データパス

I 形式の `lw` 命令がどのように実行されていくのかを把握するために，R 形式と同様にデータパスおよび制御信号の動きを追っていこう．

- **命令フェッチとデコード**：命令レジスタに保持された `lw` 命令の Op コードは表 4.3 にあるように $100011_{(2)}$ であり制御ユニットの入力 Op に与えられ，制御ユニットは `lw` 命令であると判断する．そして，アドレス計算を行うために ALU に加算を実行させるべく，表 4.3 の右端に示したように 2 ビットの ALUOp に $00_{(2)}$ を出力する．ALUController は，加算を示す 3 ビットの ALUControl 信号 $010_{(2)}$ を ALU に与える．この場合は機能コードは無視される．

110    第 4 章　MIPS アーキテクチャ内部構成

- **命令実行**：第 1 ソースレジスタの値はレジスタ regA を通じて ALU の一方の入力に与えられ，lw 命令の下位 16 ビットが符号拡張された disp[31:0] は，ALU のもう一方の入力に与えられる．加算結果はレジスタ ALUOut_reg に保持されて，ロードを行うアドレスとしてメモリに与えられ，MemRead 信号に 1 を与えた後，CLK の立上がりでロードした値は dataout に出力される．
- **メモリデータの書込み**：メモリからの値は ReadData としてメモリデータレジスタ MDR の In に入力され，CLK の立上がりで MDR に保持される．続いて，レジスタファイル RF の書込みデータとして RF の indata に与えられる．lw 命令の rt フィールドで指定されたレジスタ番号がレジスタファイル RF に与えられる．次に，RegWrite 信号を 1 にセットした後の CLK 信号の立上がりにおいて，メモリから読み出したデータが指定したレジスタに書き込まれ，lw 命令は完了する．

**コラム**　ここ数年，理系女子（いわゆるリケジョ）の活躍が目覚ましく，理工系学部の女子の比率が徐々に上がってきた．しかしながら，ハードウェアやコンピュータアーキテクチャといった分野においては，いまだに女性の進出は乏しく，アーキテクトと呼べるような女性研究者には数えるほどしか会ったことがない．その理由はどこにあるのだろうか？

　かつてハードウェア設計・実装ははんだごてで火傷する危険性があったり，そのデバッグには長時間を要し，睡眠時間はもちろん，食事や入浴時間も惜しんで集中するような，いわゆる 3K（きつい，危険，汚い）といった印象が強かった．しかしながら，前述の回路図 CAD ツールの普及とともに，回路設計もハードウェア記述言語（HDL）を用いてシミュレーションで動作確認するように移行していき，決して 3K ではなくなってきていることをなんとしても伝えておきたい．　　　　　　　　　　　　　　　　○

## 4.1 データパス

**ストア命令の実行データパス**　同様に，I 形式の `sw` 命令実行のためのデータパスを図 4.11 に示す．

`sw` 命令も `lw` 命令と同様に，以下のように実行されていく．

- 命令フェッチとデコード：`sw` 命令の Op コード $101011_{(2)}$ が制御ユニットの入力 Op に与えられ，`sw` 命令であると分かれば，書込み先アドレスを求める加算計算のために，ALUOp に $00_{(2)}$ を出力する．ALUController は加算指令として ALUControl 信号 $010_{(2)}$ を ALU に与え，やはり機能コードは無視される．
- 命令実行：`sw` 命令の下位 16 ビットは符号拡張されて，第 1 ソースレジスタと加算され，ストアを行うアドレスとしてメモリに与えられる．第 2 ソースレジスタから読み出されたデータはメモリへの書込みデータ WriteData としてメモリに与えられ，MemWrite 信号に 1 を与えた後，CLK の立上がりで，指定したアドレスに書き込まれ，`sw` 命令は完了する．

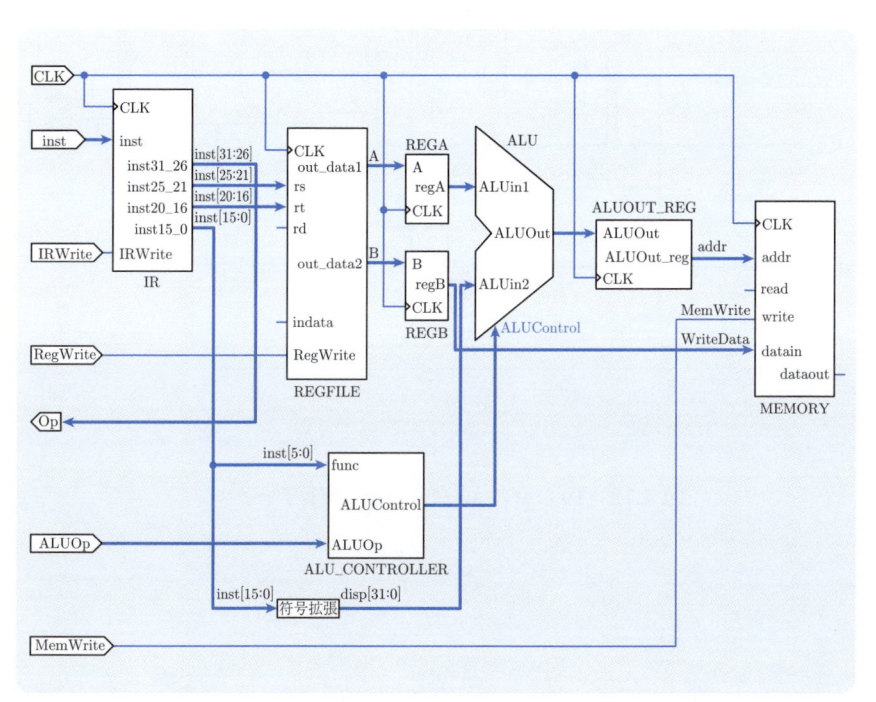

図 4.11　ストアワード `sw` 命令の実行データパス

**ロード命令とストア命令の実行データパスの統合** 以上の I 形式の `lw` 命令と `sw` 命令を 1 つのデータパスに統合したものを，図 4.12 に示す．

符号拡張やアドレス計算については，共通のデータパスが用いられ，第 2 ソースレジスタが，`sw` 命令の場合はレジスタリードに，`lw` 命令の場合にはレジスタライトに用いられる点に注意すること．

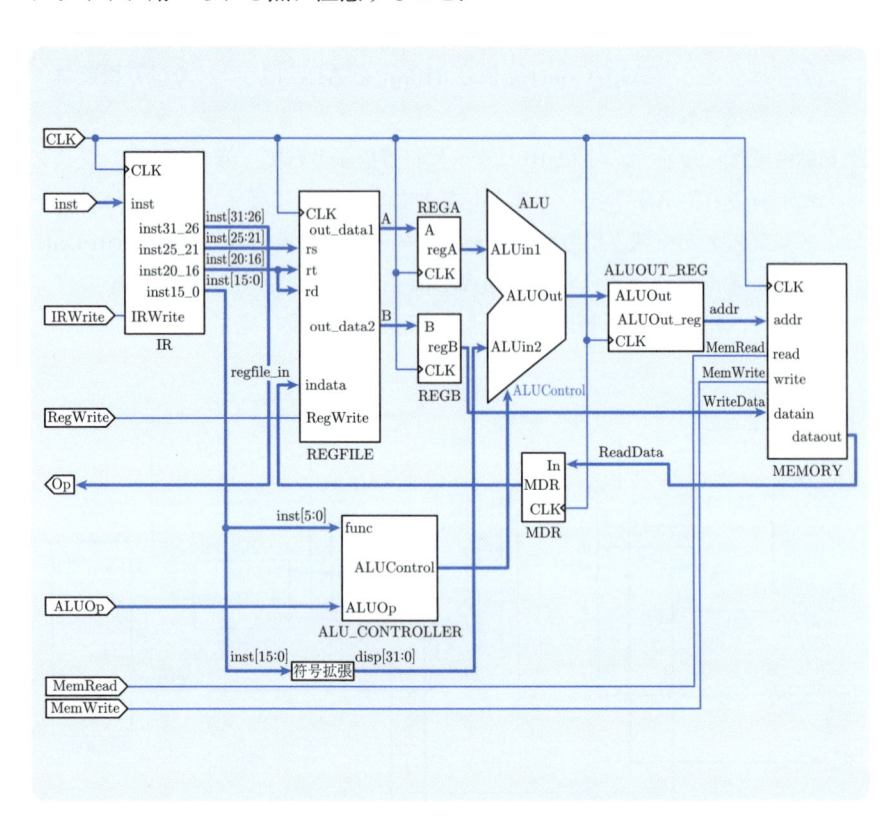

図 4.12 `lw` 命令と `sw` 命令の統合実行データパス

### 4.1.3　命令フェッチとメモリアクセス

ここではメモリから命令を読み出す命令フェッチにおいて，データパスの動作を解説する．その命令フェッチに必要となる重要なモジュールをまず示す．

**マルチプレクサとプログラムカウンタ**　図 4.13 に，2 入力と 4 入力**マルチプレクサ**（MUX），および**プログラムカウンタ**（PC）を示す．2 入力マルチプレクサは，選択信号 SEL の値により，出力信号 OUT に出力する信号を選択する．SEL の値が 0 のときは信号 A が，1 のときは信号 B の値が OUT に出力される．入力 A と B は複数ビットの場合もあり，選択されたビットパターンが同じビット数で出力 OUT に現れる．

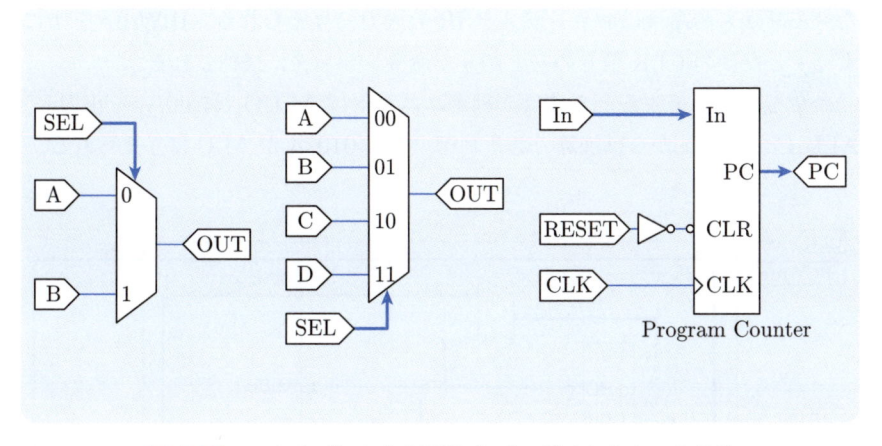

**図 4.13**　マルチプレクサ MUX とプログラムカウンタ PC

4 入力マルチプレクサの場合は選択信号 SEL は 2 ビットとなり，その値が 2 進数で 00, 01, 10, 11 の場合にそれぞれ A, B, C, D が選択されて出力 OUT に現れる．2 入力と同様に入力は複数ビットの場合もある．

**プログラムカウンタ**（PC）は，次に実行する命令をメモリから読み出す（フェッチする）場合にメモリに与えるアドレスを保持する特別なレジスタである．リセット信号 RESET に 1 を与えると，出力 PC の値は 0 にクリアされ，CLK の立上がり時に，入力 In の値がセットされる．

**命令フェッチのためのデータパス** 図 4.14 に命令フェッチのためのデータパスを示す．プログラムカウンタの値は ALU の一方の入力に与えられ，もう一方の定数 4 と加算される．加算された PC + 4 はマルチプレクサに入力され，PCWrite が 0 の場合は現在の PC の値が選択され，プログラムカウンタの値は変わらない．PCWrite が 1 のときに PC + 4 が選択されて次の命令を示すプログラムカウンタの値がセットされる．

各命令は 4 バイトであり，汎用プロセッサでは，メモリはバイトアドレッシングを取り，そのため 1 命令あたり 4 つ分のアドレスを用いることとなる．したがって，4 を加算することは，次の命令を示すことになるのである．

プログラムカウンタの出力 PC はメモリのアドレスに入力され，読み出されたメモリからの命令は命令レジスタ IR の入力に与えられる．IRWrite を 1 にセットした後の CLK 信号の立上がりで命令レジスタに格納される．

命令をフェッチするときには，制御ユニットは ALUOp に $00_{(2)}$ を出力し，ALU_Controller からは加算である制御コード $010_{(2)}$ が ALU に与えられる．

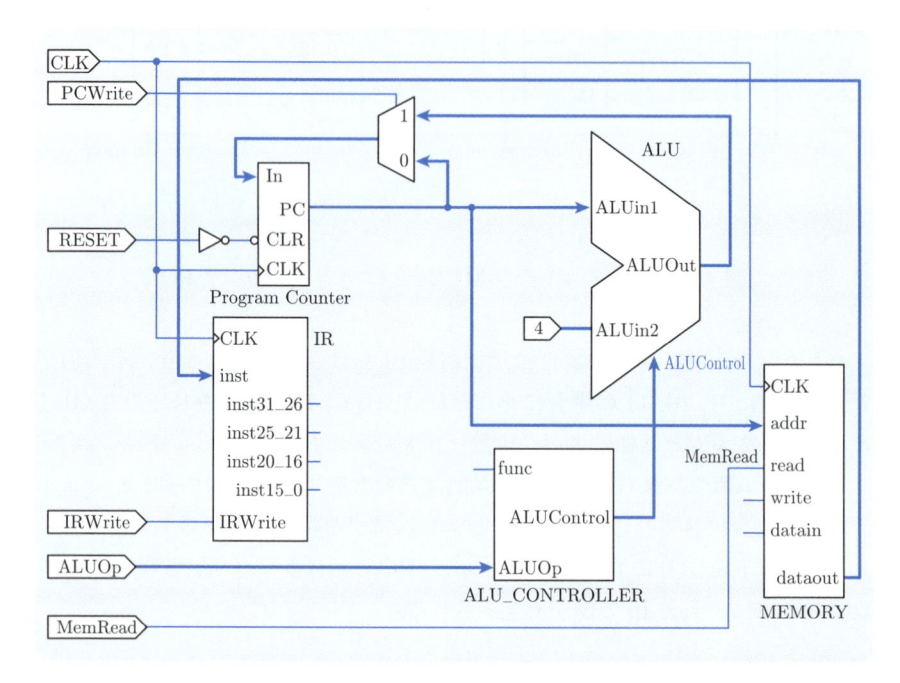

図 4.14 命令フェッチのデータパス

## 4.1 データパス

**R形式命令とロードワード lw 命令の実行データパスの統合**　この統合を行ったものを図 4.15 に示す.

　R形式命令を実行する場合は，RegDst に 1 を与え，レジスタファイルの書込みレジスタ番号を R 形式命令の rd フィールドから与える．選択信号 ALUSrcB には 00 を与え，ALU への演算にはレジスタファイルからの 2 つのレジスタに対して行われる．MemtoReg 信号には 0 を与え，ALU の演算結果を保持している ALUOut_reg の出力がレジスタファイルへの書込みデータとして選択される．

　lw 命令の場合は，RegDst に 0 を与え，lw 命令の rt フィールドが書込みレジスタ番号として指定される．選択信号 ALUSrcB には 10 を与え，lw 命令の下位 16 ビットを符号拡張した数値と第 1 ソースレジスタを加算して，メモリから読み出すアドレスを計算する．MemtoReg 信号には 1 を与え，メモリから読み出したデータを保持するメモリデータレジスタ MDR の出力が選択されレジスタファイルへの書込みデータとなる．

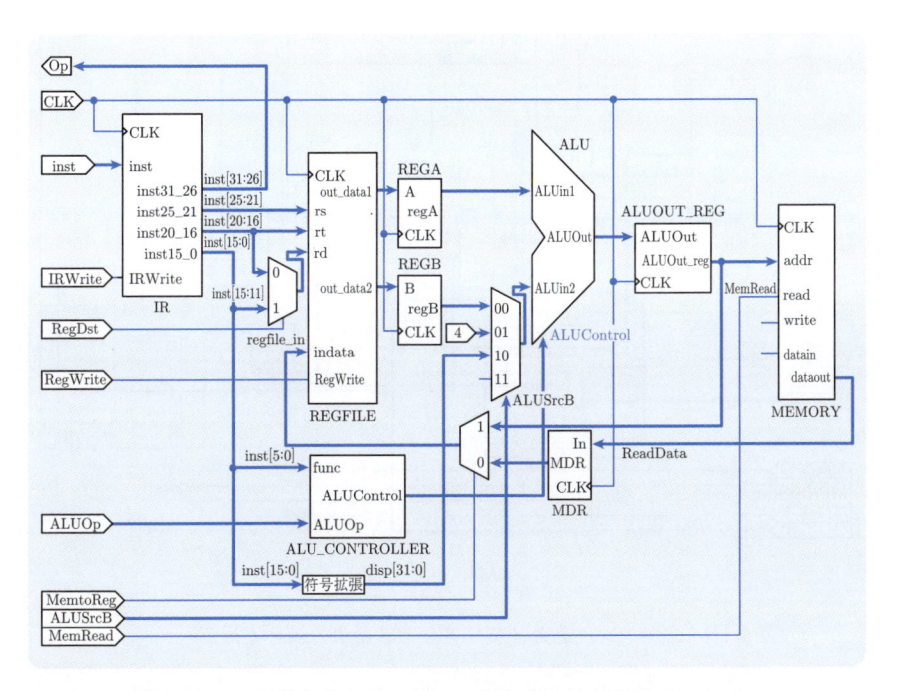

図 4.15　R 形式命令とロードワード命令の統合実行データパス

**命令フェッチとメモリアクセス命令の実行データパスの統合**　この統合を行ったものを図 4.16 に示す．

命令とデータは 1 つのメモリ内に格納されており，メモリに与えられるアドレスが命令用かデータ用かを切り替えるマルチプレクサは IorD 信号により選択制御される．この信号が 0 のときはプログラムカウンタの値がアドレスとして与えられ，命令が読み出される．1 の場合にはデータのリード（lw 命令）およびライト（sw 命令）を行うためのアドレスが選択される．

ALU の上側に接続されるマルチプレクサは，PC かレジスタファイルの第 1 ソースレジスタかを選択する．ALU の下側に接続される 4 入力マルチプレクサは，ここでは次の命令フェッチのための定数 4 か，アドレス計算のために符号拡張した命令の下位 16 ビットを選択する．後に詳述する．

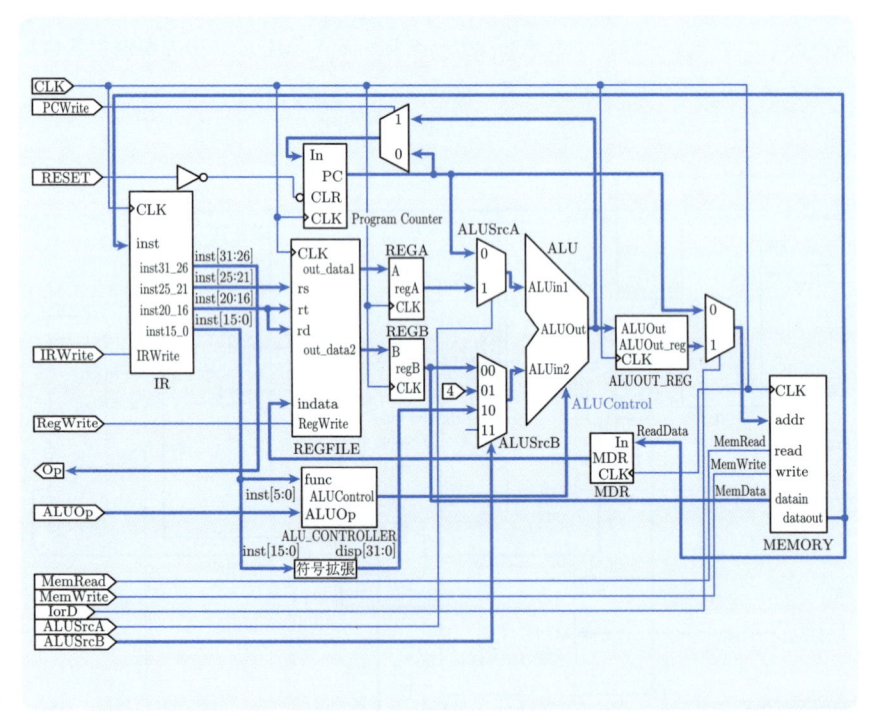

図 4.16　命令フェッチとメモリアクセス命令の統合実行データパス

### 4.1.4 即値命令

I 形式命令の中の，即値命令実行のためのデータパスを，図 4.17 に示す．

即値命令の実行の流れを，同様にデータパスおよび制御信号の変化とともに追っていこう．

- **命令フェッチとデコード**：命令レジスタに保持された Op コードは制御ユニットの入力 Op に与えられ，即値命令であると制御ユニットが判断した後，FuncType の値として 1 を出力する．これより，ALU_Controller に接続するマルチプレクサの選択信号に 1 が与えられ，下側のバスが選択される．
- **命令実行**：R 形式命令の機能コードとそれに対応する即値命令の Op コードについて次頁の表 4.4 に示す．この表より，R 形式命令の機能コードにおける下位 3 ビットと即値命令の Op コードの下位 3 ビットとが一致していることが分かる．このことから，即値命令の Op コードの下位 3 ビットと，その上位に $100_{(2)}$ を連結して，それを 6 ビットの機能コードとしてマルチプレクサを通じ

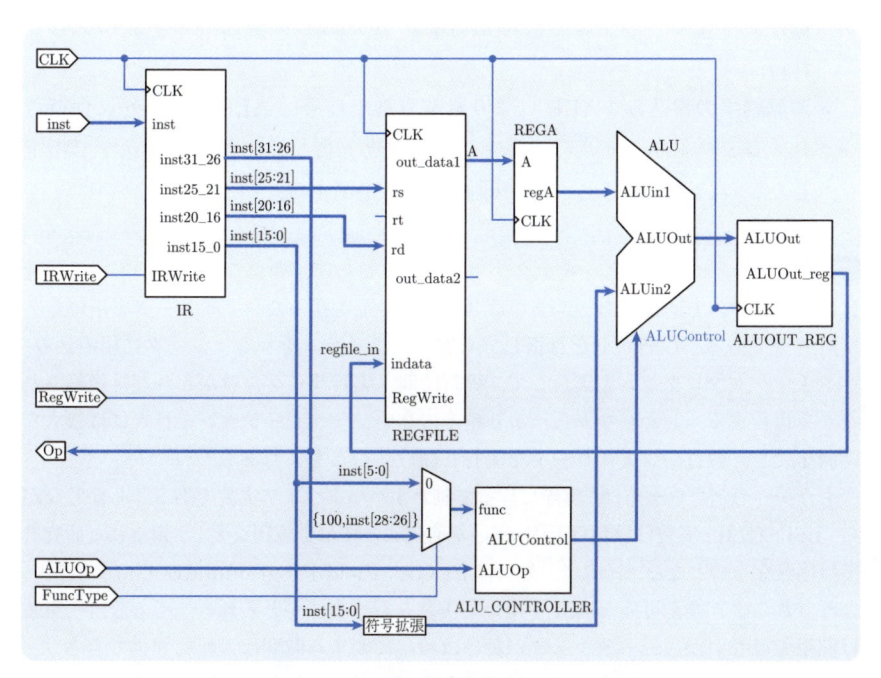

**図 4.17** 即値命令実行のデータパス

表 4.4 機能コードとそれに対応する即値命令の Op コード

| 命令 | Op コード | 機能コード | ALU 制御コード |
|---|---|---|---|
| add | 000000 | 100000 | 010 |
| addi | 001000 | XXXXXX | 010 |
| and | 000000 | 100100 | 000 |
| andi | 001100 | XXXXXX | 000 |
| or | 000000 | 100101 | 001 |
| ori | 001101 | XXXXXX | 001 |

て ALU_Controller に与える．ここでいう**連結**とは，{100, Inst[28:26]} において，Op コードの下位 3 ビット (Inst[28:26]) が，例えば 101 であった場合，100 とつなぎ合わせて 100101 という 6 ビットの信号を生成する操作をいう．

制御ユニットは，2 ビットの ALUOp に $10_{(2)}$ を出力し，ALU_Controller には ALUOp のその値から，機能コードのビット列に従って ALUControl 信号を与える．以上より，即値命令が R 形式の演算命令のように実行される．

- **演算結果の書込み**：ALU により計算された結果は ALUOut_reg に保持され，レジスタファイルの書込みレジスタとして与えられ，即値命令で指定したレジスタに書き込んで，即値命令は完了する．

**コラム** コンピュータアーキテクチャを学び，さらに，新たな方式を創出する研究には主に二つの方向性がある．一つは 3 章においても扱ったシミュレータを用いるアプローチである．性能向上を目指して考案したアイデアをシミュレータに組み込み，ベンチマークプログラムを実行して，実行時間，実行サイクル数がどれだけ短縮されたかを比較する．しかしながら，より精度の高いシミュレーションを行うには膨大な時間を要し，数日間シミュレータを実行し続けることもよくある．

もう一つのアプローチは，実際に作って動かすハードウェア実装である．しかしながら，LSI の設計・実装には数百万円から，場合によっては数億円を要し，限られた研究費では困難なものとなる．そこで，最近は FPGA (Field Programmable Gate Array) と呼ばれる書き換え可能な LSI を用いて実装を行う方法がとられる．その設計・実装は簡単ではないが，ハードウェアが動けば検証に要する時間は大幅に短縮できる．

どちらのアプローチにも利点・欠点はあるが，さて，どちらを選びますか？　　○

### 4.1.5 分岐命令

次に，2つのレジスタの値が等しい，もしくは等しくない場合に分岐する条件である**分岐命令**（相対ジャンプ）について，そのブロック図を図 4.18 に示す．

`beq`（branch equal）命令は，2つのレジスタが等しい場合に，`bne`（branch not equal）命令は，等しくない場合に分岐する命令であり，これらの命令では ALU は 3 回利用されることとなる．`beq` 命令を例に順を追って説明しよう．

> **例**
>
> (1) `beq` 命令をフェッチした後，制御ユニットは ALU の上側に接続されるマルチプレクサの選択信号 ALUSrcA を 0 にして PC を入力として選択し，ALU の下側の 4 入力マルチプレクサの選択信号 ALUSrcB を $01_{(2)}$ として，定数 4 を選択する．ALUOp には $00_{(2)}$ を出力し，ALU に対して加算を指示して，PC+4 を計算する．この結果は直接 4 入力マルチプレクサの 00 に接続され，PCSource には $00_{(2)}$ を与え，PCWrite 信号には 1 を出力して，OR ゲートを経た後，プログラムカウンタの In に接続されるマルチプレクサの選択信号が 1 となる．これより PC+4 がプログラムカウンタに入力され，CLK の立上りでその値がセットされる．

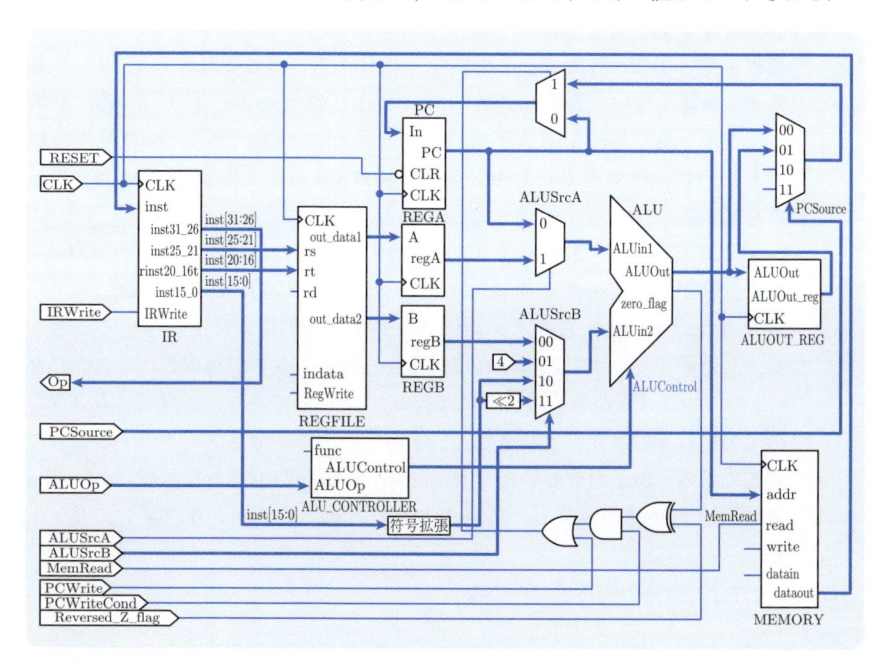

**図 4.18** 分岐命令の実行データパス

(2) beq 命令の Op コードが制御ユニットに送られ，制御ユニットは分岐命令であると判断し，ALUOp には，$00_{(2)}$ を出力して，ALU_Controller からは，加算である制御コード $010_{(2)}$ が ALU に与えられる．

(3) 制御ユニットは ALU に接続される上側のマルチプレクサの選択信号 ALUSrcA を 0 にして PC＋4 を入力として選択し，下側の 4 入力マルチプレクサの選択信号 ALUSrcB を $11_{(2)}$ として，beq 命令の下位 16 ビットを符号拡張し，さらに [≪2] で示されたモジュールにより，左に 2 ビットシフトされたアドレスを選択する．beq 命令の下位 16 ビットは分岐先を示し，beq 命令の次の命令（PC＋4）から何命令先かを示すものである．1 命令は 4 バイトであり，左に 2 ビットシフトすることで，それがアドレスに変わる．そのアドレスと PC＋4 を加算することで分岐先アドレスが得られ，その値はレジスタ ALUOp_reg に保持される．PCSource には $01_{(2)}$ を与え，プログラムカウンタにセットするマルチプレクサの入力に与えておく．

(4) beq 命令の Op コードから，制御ユニットは，ALUOp には $01_{(2)}$ を出力して，ALU_Controller からは，減算である制御コード $110_{(2)}$ が ALU に与えられる．次に制御ユニットは ALU に接続される上側のマルチプレクサの選択信号 ALUSrcA を 1 にして regA を入力として選択し，下側の 4 入力マルチプレクサの選択信号 ALUSrcB を $00_{(2)}$ として，regB を入力として選択する．2 つのレジスタの減算を行い，その値が等しければ ALU の zero_flag が 1 になる．制御ユニットから出力される PCWriteCond は，beq, bne 命令のときに 1 となる信号であり，Reversed_Z_flag は bne 命令の場合に 1 となる信号で，beq 命令の場合は 0 である．

　beq 命令を実行し，2 つのレジスタが等しい場合は XOR ゲートの出力は 1 となり，PCWriteCond との AND ゲートの出力は OR ゲートを通じてプログラムカウンタに接続されるマルチプレクサの選択信号に 1 を与えることとなる．したがって，すでに得られている分岐先アドレスが選択されることになる．2 つのレジスタが等しくなければ zero_flag は 0 であり，プログラムカウンタの入力には PC＋4 が選択され，beq 命令の次の命令をフェッチすることになるのである．bne 命令の場合は Reversed_Z_flag が 1 であるため，zero_flag が 0 のときに条件が成立し，分岐先アドレスをプログラムカウンタにセットする．

以上が条件分岐命令の実行フローとなる．　　　　　　　　　　　　　　　　○

### 4.1.6　J形式命令の実行データパス

強制的にあるアドレスに分岐したい場合がある．それを実行する命令が **J 形式命令** に属する絶対ジャンプ（jump）命令であり，そのデータパスを図 4.19 に示す．

その分岐先のアドレスは，図 3.4 に示した jump 命令のフォーマットから以下のように作成される．32 ビット命令の上位 6 ビットの Op コードを除く 26 ビットが分岐先アドレスとなるが，32 ビットには足りない．まず，その 26 ビットのアドレスを [≪2] で示されたモジュールにより左に 2 ビットシフトする．その 28 ビットの並びに PC＋4 の上位 4 ビットを，最上位側に連結して 32 ビットのアドレスにする．以下は jump 命令の実行シーケンスである．

(1) **命令フェッチ**：jump 命令をフェッチした後，制御ユニットは ALUOp に $00_{(2)}$ を出力し，ALU に対して加算を指令し，PC＋4 を計算する．この結果は直接 4 入力マルチプレクサの 00 に接続され，PCSource には $00_{(2)}$ を与え，PCWrite 信号には 1 を出力する．そして，PC＋4 がプログラムカウンタに入力されて，CLK の立上がりでセットされる．

(2) **命令実行**：制御ユニットは，Op コードから jump 命令と判断し，PCSource に $10_{(2)}$ を与え，プログラムカウンタに接続されるマルチプレクサの入力に与えておく．

(3) **PC への書込み**：そして，PCWrite を 1 にして，プログラムカウンタには分岐先アドレスがセットされ，前の PC＋4 は上書きされ，強制的に分岐することになる．

これまでの命令フェッチ，条件分岐（beq, bne），さらに絶対ジャンプ命令を統合したデータパスを図 4.20 に示す．

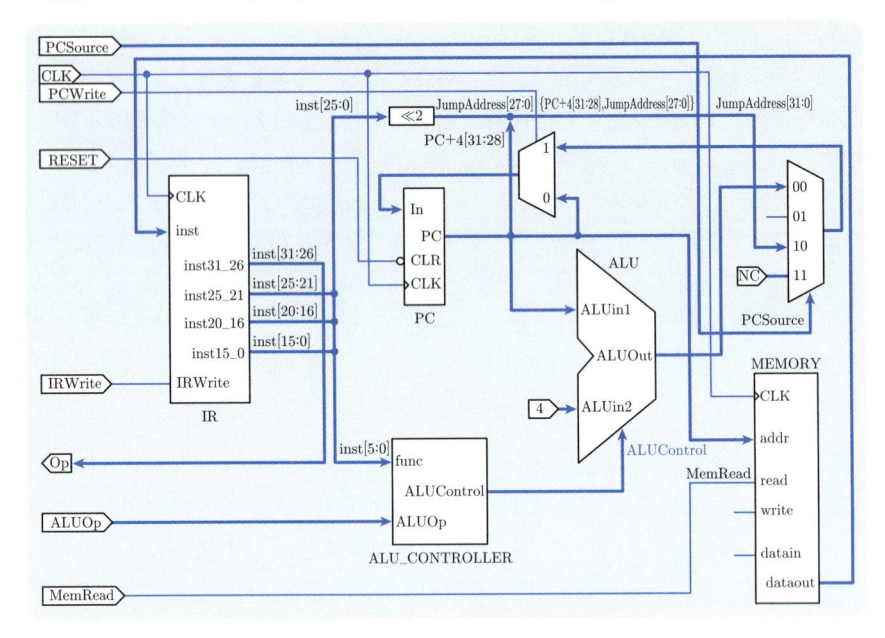

122　第4章　MIPSアーキテクチャ内部構成

図 4.19　絶対ジャンプ命令の実行データパス

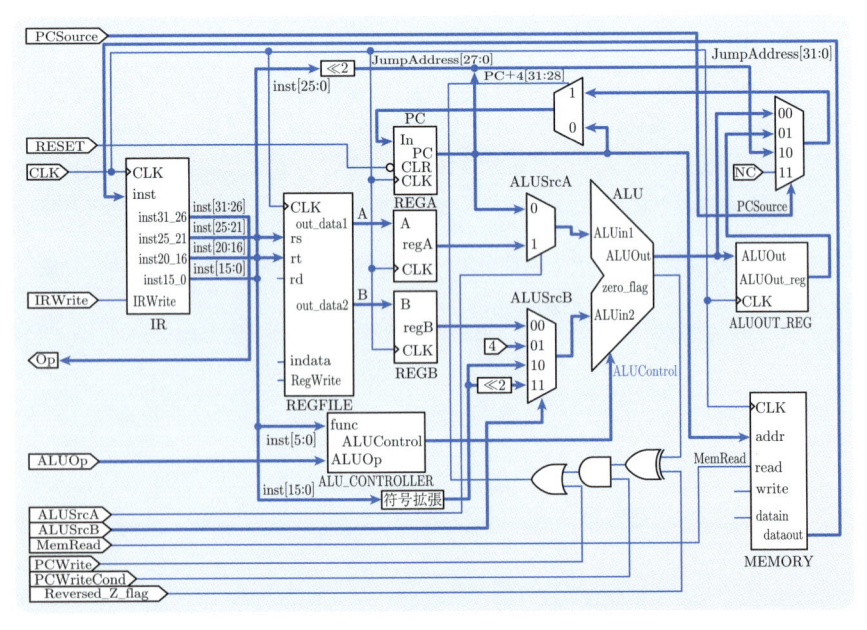

図 4.20　絶対ジャンプ命令と条件分岐命令の統合実行データパス

## 4.2 制御ユニットの内部論理

データの通り道であるデータパスとその動作について述べてきたが，ここでは，パス上のデータの流れを切り替えるマルチプレクサや，ALU の動作を決定する制御を担う制御ユニットについて説明する．第1章において，自動販売機の状態遷移図を示したが，ここではプロセッサの状態遷移について見ていこう．

### 4.2.1 プロセッサの状態遷移におけるステージと状態

プロセッサの内部状態として，以下の5つのステージを定義する．

- 命令フェッチ（Fetch）Ⓕ：　メモリからの命令の読出し
- 命令デコード（Decode）Ⓓ：フェッチした命令の解釈
- 命令実行（Execution）Ⓔ：　フェッチした命令の実行
- メモリアクセス（MemAccess）Ⓜ：　メモリへの読出しまたは書込み
- レジスタ書込み（WriteBack）Ⓦ：　演算結果もしくはメモリから読み出したデータのレジスタファイルへの書込み

命令ごとに，どのようなステージを経るかが異なる．以下，順を追って各命令ごとに上記ステージの中でどのように状態が遷移していくのかを以下に示す．

- R 形式命令：　　　　Ⓕ ⇒ Ⓓ ⇒ Ⓔ1 ⇒ Ⓦ1 ⇒ Ⓕ
- lw 命令：　　　　　Ⓕ ⇒ Ⓓ ⇒ Ⓔ2 ⇒ Ⓜ1 ⇒ Ⓦ2 ⇒ Ⓕ
- sw 命令：　　　　　Ⓕ ⇒ Ⓓ ⇒ Ⓔ2 ⇒ Ⓜ2 ⇒ Ⓕ
- 即値命令：　　　　　Ⓕ ⇒ Ⓓ ⇒ Ⓔ3 ⇒ Ⓦ3 ⇒ Ⓕ
- 条件分岐命令：　　　Ⓕ ⇒ Ⓓ ⇒ Ⓔ4 ⇒ Ⓕ
- 絶対ジャンプ命令：Ⓕ ⇒ Ⓓ ⇒ Ⓔ5 ⇒ Ⓕ

メモリアクセスを行うのは lw 命令と sw 命令のみであり，したがってメモリアクセスステージを持つのはこの2命令のみである．レジスタへの書込みを行うのは，R 形式命令，lw 命令，即値命令であるが，R 形式命令と即値命令の W1 と W3 の状態は実質的には同一となる．条件分岐命令，絶対ジャンプ命令は，プログラムカウンタの出力 PC を書き換えた時点で実行は終了する．

## 4.2.2 プロセッサの状態遷移図

以上の状態がどのように遷移するかをまとめたものが図 4.21 に示した状態遷移図である．

全ての命令はこの状態遷移に従って状態を移動し，各状態ごとに制御ユニットから適切な制御信号が適切なタイミングで出力されることになる．どのような信号が出力されるのかは次節で説明する．

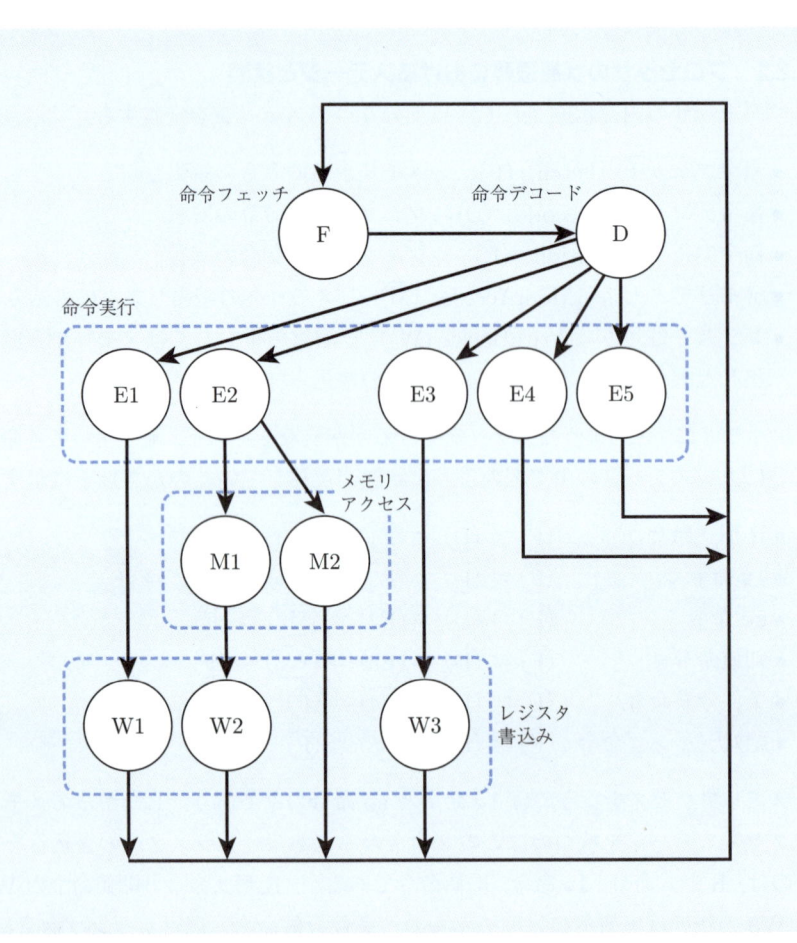

図 4.21 プロセッサ内部の状態遷移図

## 4.3 各命令実行時の制御ユニットからの制御信号

制御ユニット（control unit）を図 4.22 に示す．各命令で述べた動作をプロセッサの状態に従って，各制御信号の動きをもう一度まとめて整理していこう．

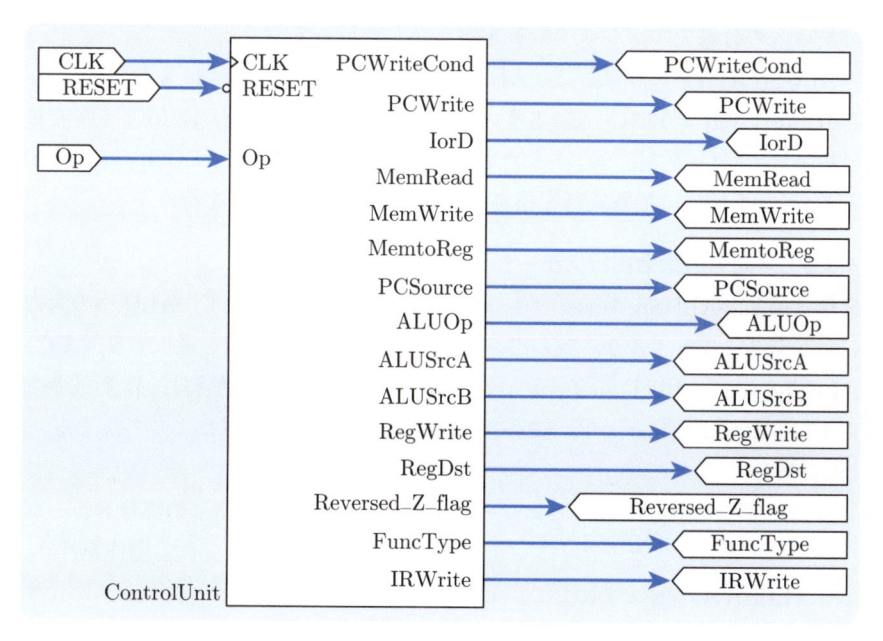

図 4.22　制御ユニットからの制御信号

### 4.3.1　各命令の命令フェッチステージ

命令フェッチステージでは，全ての命令において共通の動作を行う．このステージでは，IorD_reg = 0 として，メモリに与えるアドレスをプログラムカウンタからのものとして選択し，MemRead_reg = 1 にしてメモリから読み出し，IRWrite_reg = 1 にして，CLK の立上がりで命令レジスタに読み出した命令を保持する．

次に，PC に 4 を加えて，次の命令フェッチに備えるために ALUSrcA_reg = 0，ALUSrcB_reg = 01 にして，ALU への入力として PC と定数 4 を選択する．ALUOp_reg = 00 にして，ALU には加算実行を指令し，PCSource_reg = 00

にして，プログラムカウンタへの入力を PC + 4 にして，PCWrite_reg = 1 とすることで，次の CLK 信号の立上がりでプログラムカウンタに PC + 4 が書き込まれる．

### 4.3.2 各命令の命令デコードステージ

命令デコードステージでは，Op コードによって命令が解釈されるとともに，分岐命令の分岐先アドレスの計算をあらかじめ行っておく．

ALUSrcA_reg = 0 にして，ALU の一方の入力を PC + 4 にする．さらに，ALUSrcB_reg = 11 にして，もう一方の入力を，分岐命令の下位 16 ビットを符号拡張し，2 ビット左にシフトしたものを選択する．そして，ALUOp_reg = 00 として，ALU には加算実行を指令し分岐先アドレスの計算を行う．

### 4.3.3 各命令の命令実行ステージ

R 形式命令　ALUSrcA_reg = 1, ALUSrcB_reg = 00 として，ALU への入力にはレジスタファイルから読み出される 2 つのレジスタの値を選択する．また，ALUOp_reg = 10, FuncType_reg = 0 にして，ALU の動作は，R 形式命令の下位 6 ビット（inst[5:0]）に示された機能（func）コードによって決まる．

I 形式命令

- ロードワード命令とストアワード命令：lw 命令と sw 命令の実行ステージでは，ともにアクセスするメモリのアドレス計算であり，同じ動作を行う．ALUSrcA_reg = 1 にして，ALU の一方の入力を第 1 ソースレジスタにする．さらに，ALUSrcB_reg = 10 にして，もう一方の入力を，I 形式命令の下位 16 ビットを符号拡張したものを選択する．ALUOp_reg = 00 にすることにより，ALU は加算を実行し，アクセスするメモリのアドレス計算を行う．
- 即値命令：即値命令の場合，lw 命令，sw 命令の実行ステージと同様に ALUSrcA_reg = 1 にして，ALU の一方の入力を第 1 ソースレジスタに，ALUSrcB_reg = 10 にして，もう一方の入力を，I 形式命令の下位 16 ビットを符号拡張したものを選択する．

　ALUOp_reg=10 とし，さらに FuncType_reg=1 とすることで，図 4.17 に示したように，即値命令の Op コードの下位 3 ビットと，その上位に $100_{(2)}$ を連結したものを選択する．それを 6 ビットの機能コードとしてマルチプレクサを通じて ALU_Controller に与えて ALU の動作が決まる．

## 4.3 各命令実行時の制御ユニットからの制御信号

- **条件分岐命令**：条件分岐命令は命令実行ステージにおいて，第 1 ソースレジスタと第 2 ソースレジスタが等しいかどうかのチェックを行うために，2 つのレジスタに対して減算を行う．ALUSrcA_reg = 1, ALUSrcB_reg = 00 にして，ALU への入力にはその 2 つのレジスタの値を選択する．ALUOp_reg = 01 を与え，ALU には減算の指令を出す．条件分岐命令であることが命令デコードで分かれば PCWriteCond_reg = 1 にする．

　PCSource_reg = 01 にすることで，プログラムカウンタへの入力には，条件が成立したときに，命令デコードステージですでに計算を行った分岐先アドレスを選択する．

　表 4.3 にあるように，beq 命令と bne 命令の Op コードでは下位 2 ビットが異なる．Op[1:0] = 00 のときは beq 命令として実行する．01 のときは，bne 命令となり，ReverseZflag_reg = 1 とすることで，ゼロフラグを反転させる．

### J 形式命令

- **絶対ジャンプ命令**：絶対ジャンプ命令では，図 4.19 に示したように，強制的にジャンプするアドレスは jump 命令の下位 26 ビットを 2 ビット左にシフトしたアドレスの上位に，PC + 4 の上位 4 ビットを連結する．このアドレスを，PCSource_reg = 10 にして選択する．そして PCWrite_reg = 1 にすることで，PC + 4 としてプログラムカウンタにセットされていた次の命令を読み込むアドレスは強制的にジャンプするアドレスに上書きされる．

### 4.3.4　各命令のメモリアクセスステージ

メモリアクセスステージにおいては，lw 命令と sw 命令では，それぞれ読出しと書込みとなり，動作が異なる．

**ロードワード命令**　IorD_reg = 1 として，メモリに与えるアドレスをプログラムカウンタではなく，lw 命令のソースレジスタと命令の下位 16 ビットから計算したアドレスを選択する．表 4.3 にある Op コードから，lw 命令と sw 命令の相違点は Op[3] のビットのみであり，このビットが 0 の場合は lw 命令となる．この場合，MemWrite_reg = 0, MemRead_reg = 1 としてメモリに対してリードアクセスを行い，読み出した結果はメモリデータレジスタに書き込まれる．

**ストアワード命令** lw 命令と同様に，IorD_reg = 1 として，メモリには sw 命令により書込みを行うアドレスを選択する．sw 命令では，Op[3] のビット値が 1 であり，この場合，MemWrite_reg = 1，MemRead_reg = 0 としてメモリに対してライトアクセスを行う．そして，sw 命令のディスティネーションレジスタで示したレジスタの値を，メモリの上記アドレスに書き込んで sw 命令は完了する．

### 4.3.5 レジスタ書込みステージ

レジスタ書込みステージでは，レジスタファイルへの書込みを行うが，R 形式と即値命令の場合は ALU の演算結果を，lw 命令の場合はメモリから読み出し，メモリデータレジスタ MDR に保持されたデータを書き込む点で異なる．また，即値命令の書込み状態は R 形式のものと同じになる．

**R 形式命令** RegDst_reg = 1 とすることで，レジスタファイルの書込みレジスタ番号として，命令レジスタのディスティネーションレジスタフィールド (inst[15:11]) を選択する．MemtoReg_reg = 0 とすることで，レジスタファイルへの書込みデータとして，ALU の演算結果を保持する ALUOut_reg からのデータを選択する．さらに，RegWrite_reg = 1 にすることで，次の CLK の立上がりで R 形式命令の演算結果がレジスタファイルに書き込まれる．

**ロードワード命令** RegDst_reg = 0 とすることで，レジスタファイルの書込みレジスタ番号として，lw 命令の第 2 ソースレジスタフィールド (inst[20:16]) を選択する．そして，MemtoReg_reg = 1 とすることで，レジスタファイルへの書込みデータとして，メモリから読み出したデータを保持するメモリデータレジスタ MDR からのデータを選択する．さらに，RegWrite_reg = 1 にすることで，次の CLK の立上がりでメモリから読み出したデータがレジスタファイルに書き込まれる．

**即値命令** RegDst_reg = 0 にすることで，レジスタファイルの書込みレジスタ番号として，即値命令の第 2 ソースレジスタフィールド (inst[20:16]) を選択する．MemtoReg_reg = 0 にすることで，レジスタファイルへの書込みデータとして，ALUOut_reg からのデータを選択する．RegWrite_reg = 1 にして，次の CLK の立上がりで即値命令の演算結果がレジスタファイルに書き込まれる．

# 4.4 最終データパスの構築とハードウェア実装

これまで，MIPS の各種命令がどのように実行されるのかを，R 形式，I 形式，J 形式に属する様々な命令を例に，その実行データパスを示してきた．ここでは，これらが最終的にどのように統合されるかを示し，それをハードウェアで実装する方向性について示す．

## 4.4.1 データパスの統合

図 4.4 には，R 形式命令の実行データパスを示し，lw 命令と統合した実行データパスは図 4.15 に示した．lw 命令と sw 命令とを統合したデータパスは図 4.12 に示し，さらに命令フェッチも組み込んだデータパスが図 4.16 である．絶対ジャンプ命令と条件分岐命令を統合したものが図 4.20 である．これら全てと，図 4.17 に示した即値命令実行のデータパスを統合すると，最初に図 4.1 に示した全体のシステムが構築される．

## 4.4.2 動作確認に向けての指針

図 4.1 に示した MIPS プロセッサはハードウェア化して実際に動作させることが可能である．

**RTL シミュレータによる動作確認**　ハードウェア記述のレベルには，主にビヘイビアモデル，レジスタトランスファレベル (RTL)，ゲートレベルという 3 つのレベルで記述でき，LSI 設計には主に RTL において記述し，シミュレーションにより動作確認を行った後に，論理合成し，配置配線を行うことで，LSI 化したり，書換え可能 LSI である **FPGA** (Field Programmable Gate Array) 上で動作させることが可能である．特に，最近では FPGA を搭載したボードが安価に購入でき，様々な設計を自身で実現し，動作させることができる．これらは単にプロセッサアーキテクチャやハードウェア設計の学習のみならず，実用的なシステムにも応用されている．

RTL の記述は Verilog HDL や VHDL といったハードウェア記述言語で記述する．その記述したものが正しく動作するかを確認するものが RTL シミュレータであり，Verilog HDL のものは Icarus Verilog といったものが利用可能である．Verilog HDL の文法については，入門書がいくつかあり，また次に述

べるFPGAベンダーにおいても講習会などが開催されている．

**FPGAによるハードウェア実装**　現在，FPGAとしてXilinx社とAltera社のものが利用できる．これらのベンダーからはFPGA開発ツールの導入版が無償で利用できるようになっている．その利用方法については，本書では扱わないが，前述の講習会やオンラインのビデオチュートリアルがいくつか提供されている．これらを活用して，MIPSプロセッサを動作させてみていただきたい．

> **コラム**　MIPSをベースとしたプロセッサをハードウェア記述言語（HDL）で設計したものが，いくつかのアーキテクチャ系の研究室などで開発され，公開もされている．こういったものをベースにし，自身のアイデアを盛り込んで高速化してその実行速度を競い合うプロセッサ設計コンテストが情報処理学会（IPSJ）の計算機アーキテクチャ研究会において実施され，今後も続けられるようだ．その概要が以下のページに示されている．
>
> http://www.arch.cs.titech.ac.jp/contest/
>
> 本書で紹介したMIPSプロセッサとは違ったアプローチの設計が公開され利用できるので，是非比べてみてほしい．実力を身に付け，我こそはと思われたら是非このコンテストにチャレンジしていただきたい．ひょっとすると我々がライバルになっているかも知れないが，正々堂々と勝負しよう！　　　　　　　　　　　　　　　　○

# 演習問題

以下の演習問題においては，図 4.1 を用いて解くこと．そのために，この図のコピーを用意し，ラインマーカーと定規を準備しておくこと．もしくはスキャナーで図 4.1 を取り込み，そのファイルに対し，描画ソフトのカラーペンなどを用いてもよい．

## R 形式命令の実行

☐ **4.1** 以下の R 形式命令をメモリからフェッチし，デコードして実行し，結果をレジスタファイルに書き込むまでの一連の動作を示せ．解答は，図 4.4 のコピーを取り，使用されるバスおよび制御信号に着色し，そのバス上に伝送されるデータを 16 進数で示すこと．ただし，$13 には 0x11113333，$14 には 0x22227777 が格納されているものとする．さらに，図 4.1 に対しても同様の作業を行え．

(1) `add $14, $13, $0`
(2) `and $23, $14, $13`
(3) `slt $19, $13, $14`

## I 形式メモリアクセス命令の実行

☐ **4.2** 以下の I 形式メモリアクセス命令をメモリからフェッチし，デコードして実行し，結果をレジスタファイルやメモリに書き込むまでの一連の動作を示せ．解答は，図 4.12 のコピーを取り，使用されるバスおよび制御信号に着色し，そのバス上に伝送されるデータを 16 進数で示すこと．ただし，$15 には 0x12340000，$16 には 0x5678ABCD が格納されているものとする．さらに，図 4.1 に対しても同様の作業を行え．

(1) `lw $14, 0x00000050 ($15)`
(2) `sw $16, 0x00000030 ($15)`

## I 形式即値命令および条件分岐命令の実行

☐ **4.3** 以下の I 形式即値命令と条件分岐命令をメモリからフェッチし，デコードして実行し，結果をレジスタファイルやプログラムカウンタ（PC）に書き込むまでの一連の動作を示せ．解答は，図 4.17 および図 4.18 のコピーを取り，使用されるバスおよび制御信号に着色し，そのバス上に伝送されるデータを 16 進数で示すこと．ただし，$17 には 0x22224444，$18 には 0x66668888 が格納されているものとする．さらに，図 4.1 に対しても同様の作業を行え．

(1) `addi $19, $17, 4`
(2) `beq $17, $18,`（`beq` 命令より 9 つ先の命令へ）

## J 形式命令の実行

☐ **4.4** 以下の J 形式命令をメモリからフェッチし，デコードして実行し，結果をプログラムカウンタ（PC）に書き込むまでの一連の動作を示せ．解答は，図 4.19 および図 4.20 のコピーを取り，使用されるバスおよび制御信号に着色し，そのバス上に伝送されるデータを 16 進数で示すこと．さらに，図 4.1 に対しても同様の作業を行え．

  jump 0x29A58C94 番地

## 命令の追加

☐ **4.5** 図 4.1 に，jr 命令をサポートした場合に，データパスおよび制御信号を追加せよ．

☐ **4.6** 問題 4.5 において jr 命令の他に追加したい命令を選び，同様にデータパスを書き加えよ．

## 状態遷移図

☐ **4.7** 図 4.21 に，jr 命令をサポートした場合の状態を追加し，その遷移を示せ．また，その命令のフェッチ，実行において制御信号がどのように変化するかを記述せよ．

# 第5章
# メモリアーキテクチャ

　高性能な計算機を設計・開発するにあたり，CPUだけではなくメモリのアーキテクチャも重要である．前章で説明したフォン・ノイマンアーキテクチャは，主に演算装置と記憶装置の組合せにより構成されており，記憶装置（メインメモリ）に記録されたプログラムやデータがバスを通じて演算装置（CPU）に送られ処理される．このとき，演算装置の処理速度と記憶装置から演算装置に情報を送る速度には大きな差があり，この差が計算機全体の処理性能にも影響を与える．したがって，CPUの処理性能がいくら向上しても，この点を改善しない限りは性能向上が見込めないことになる．

　一部の性能が全体の性能に影響を与えてしまう要因をボトルネック（瓶の首）という．コンピュータアーキテクチャではメインメモリがそれにあたり，特にノイマンズボトルネックと呼ばれる．メモリアーキテクチャには，ノイマンズボトルネックの改善のためのキャッシュメモリや，限りある記憶装置を広大な空間に見せたり複数のプログラムを正常に動作させるための仮想記憶がある．本章では，これらについて解説していく．

キャッシュメモリ
仮想記憶

# 5.1 キャッシュメモリ

### 5.1.1 キャッシュメモリの概要（1）

　キャッシュメモリとは，メモリアクセス速度を改善するために，演算装置（CPU）と記憶装置（メインメモリ）の間に配置されるメモリである．メインメモリに比べて小容量だが高速なのが特徴であり，CPU チップ上に配置されることが多い．キャッシュメモリには，小容量で高速な **L1 キャッシュ**（**1 次キャッシュ**）と，L1 キャッシュに比べると大容量だが低速な **L2 キャッシュ**（**2 次キャッシュ**）がある（最近では L3 キャッシュ（3 次キャッシュ）も存在する）．

　キャッシュメモリを用いてメモリアクセス速度を改善するための技術を**キャッシュ**（cache）と呼ぶ．記憶装置に格納されたプログラムやデータなどの情報を演算装置に送るときに，その情報をキャッシュメモリにもコピーしておく．演算装置が次に同じ情報を必要とした場合に，記憶装置に比べて高速に利用できるキャッシュメモリからその情報を取得することができるので，プログラムが高速に実行できるようになることがキャッシュの効果である．言い換えると，1 回実行したことのある命令やアクセスしたデータの 2 回目以降の実行やアクセスを高速化することになる．

　図 5.1 にキャッシュの動作を示す．CPU がメインメモリに格納された情報を必要とするとき，バスを通じて CPU 内のレジスタにコピーされ，演算処理される．キャッシュを用いる場合は，情報をメインメモリからレジスタにコピーする経路上にキャッシュメモリ（L2 キャッシュ，L1 キャッシュ）を挟む．CPU がプログラムの実行を開始した瞬間はキャッシュメモリには何の情報も格納されていないため，キャッシュメモリに情報を格納するフェーズと，キャッシュメモリに格納された情報を利用するフェーズの 2 種類の動作に分かれる．

　まず，キャッシュメモリに情報を格納するフェーズは，CPU が必要とする情報がキャッシュメモリに格納されていない場合（**キャッシュミス**）の動作である．CPU がバスを通じてメインメモリに格納された命令を読み込むときに，レジスタにだけ格納するのではなく，L2 キャッシュと L1 キャッシュにも格納（1-1），(1-2)）しておく．その後 CPU は，自身のレジスタに格納された命令を

実行する（①-3）．

次に，キャッシュメモリに格納された情報を利用するフェーズでは，CPU が命令を実行する場合に，まず必要とする命令が L1 キャッシュに格納されているか探し，格納されていれば（**キャッシュヒット**）その命令を用いて高速に実行する（②-1）．もし，L1 キャッシュに格納されていなければ，次に L2 キャッシュに格納されているか探し，格納されていればその命令を用いて高速に実行する（②-2）．もし，L2 キャッシュにも格納されていなければ，メインメモリから命令を探し，キャッシュメモリに情報を格納するフェーズと同様に L2 キャッシュと L1 キャッシュにメインメモリから取得した情報をそれぞれに格納しながら命令を実行する（②-3）．

**キャッシュメモリへの格納フェーズ**

L2 キャッシュ　　　L1 キャッシュ
バス（通信路）
メインメモリ（主記憶）
①-1 CPU はメインメモリから読み込んだ命令を L2 キャッシュに格納
①-2 次に，L2 キャッシュの命令を L1 キャッシュに格納
①-3 情報をレジスタに格納して実行

**キャッシュメモリ内の情報の利用フェーズ**

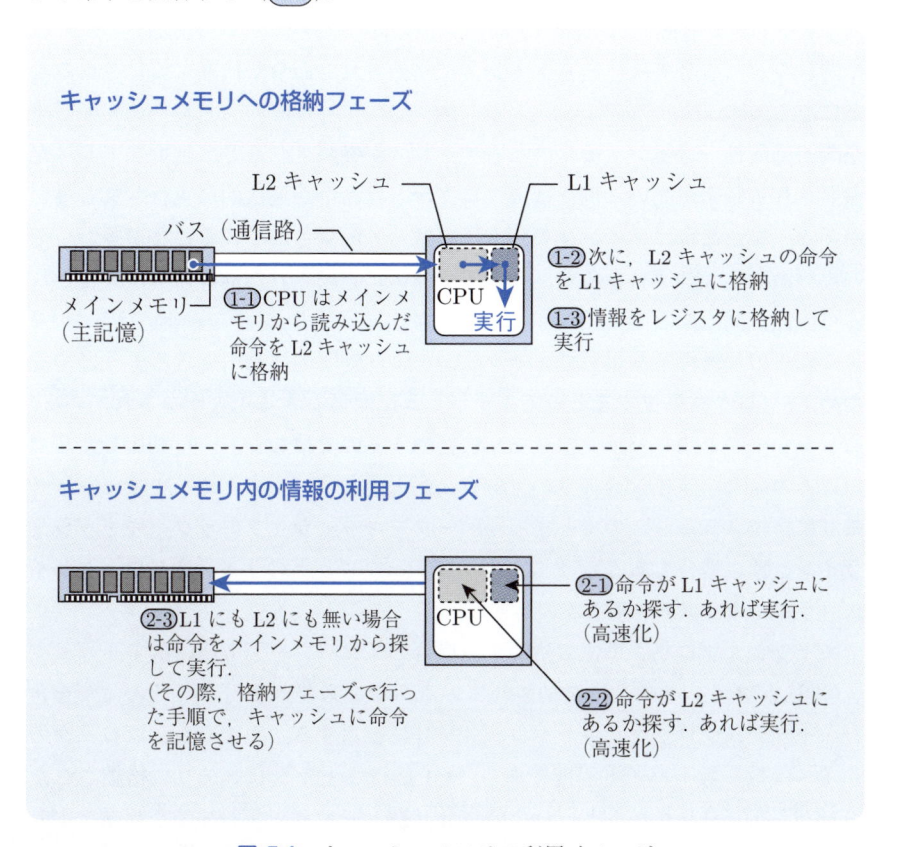

②-3 L1 にも L2 にも無い場合は命令をメインメモリから探して実行．
（その際，格納フェーズで行った手順で，キャッシュに命令を記憶させる）
②-1 命令が L1 キャッシュにあるか探す．あれば実行．（高速化）
②-2 命令が L2 キャッシュにあるか探す．あれば実行．（高速化）

図 5.1　キャッシュメモリの利用イメージ

### 5.1.2　キャッシュメモリの概要（2）

　キャッシュはCPUがメインメモリに格納された情報を読み込むときにその情報をキャッシュメモリに格納しておくことで，次に同じ情報を利用するときに高速に処理できることが特徴である．そのため頻繁に利用する命令であればキャッシュによる高速化の恩恵は大きいが，そうでない命令は**ノイマンズボトルネック**の影響を受け続けることになる．

　そこでキャッシュではプログラムの備える**局所性**を利用することで，より高速化を図っている．局所性とはデータへのアクセスが一部分に集中することであり，キャッシュに関係するものには次の2種類がある．

**時間的局所性**　メインメモリのあるアドレスが参照されると，近い将来に再び同じアドレスが参照される確率が高い．例えば，プログラムの繰返し（ループ）や関数などの命令では，同じアドレスに格納された命令が何度も実行されることになる．

**空間的局所性**　メインメモリのあるアドレスが参照されると，近いアドレスが参照される確率が高い．例えば，プログラムは命令が逐次的に実行される場合が多く，また命令はメインメモリ上に連続して配置されていることが多い．そのため命令を1つ実行すると，近いアドレスに格納された別の命令が実行される可能性が高くなる．

　これらの局所性を利用してキャッシュをより効率的に利用できるようにするため，「ブロック単位でまとめてキャッシュに記憶」する工夫がなされている．命令を一つひとつキャッシュメモリに格納するのではなく，一度利用した命令の近くの命令（メインメモリのアドレスが近い命令）もまとめてキャッシュメモリに格納される．このまとまったデータを**キャッシュブロック**（**キャッシュライン**と呼ぶ場合もある），1つのキャッシュブロックのサイズを**ブロックサイズ**（**ラインサイズ**）と呼ぶ．

　キャッシュブロック単位で格納する場合のイメージを図5.2に示す．

　CPUがメインメモリに格納されている命令を必要とすると，その命令を含むキャッシュブロックをキャッシュメモリに転送する．キャッシュブロックのサイズは数〜数十バイト程度である．CPUはキャッシュメモリに格納されたキャッシュブロックから実行したい命令（A）を転送・実行する．格納アドレスが連続している次の命令（B）を実行する場合，その命令はキャッシュメモ

## 5.1 キャッシュメモリ

リ内のキャッシュブロックに含まれる可能性が高いため，メインメモリから転送することなくキャッシュメモリから CPU に転送・実行することができる．こうすることで，空間的局所性を活かした処理の高速化が期待できる．

キャッシュメモリ内のキャッシュブロックに実行したい命令が存在しない場合は，その命令を含む別のキャッシュブロックをキャッシュメモリに転送する．このとき，キャッシュメモリに空き領域があればそこにキャッシュブロックを転送できるが，空きが無い場合はすでに格納されている他のキャッシュブロックが利用している領域に上書きすることになる．これはキャッシュメモリとメインメモリには容量に大きな差があるから生じるものである．キャッシュメモリは数十〜数百キロバイト，メインメモリは数ギガバイトであり，数桁もの大きな容量の違いがある．そのためメインメモリに格納された全ての命令をキャッシュメモリに格納することはできず，限られたキャッシュメモリの容量でキャッシュブロックをやりくりしなければならない．

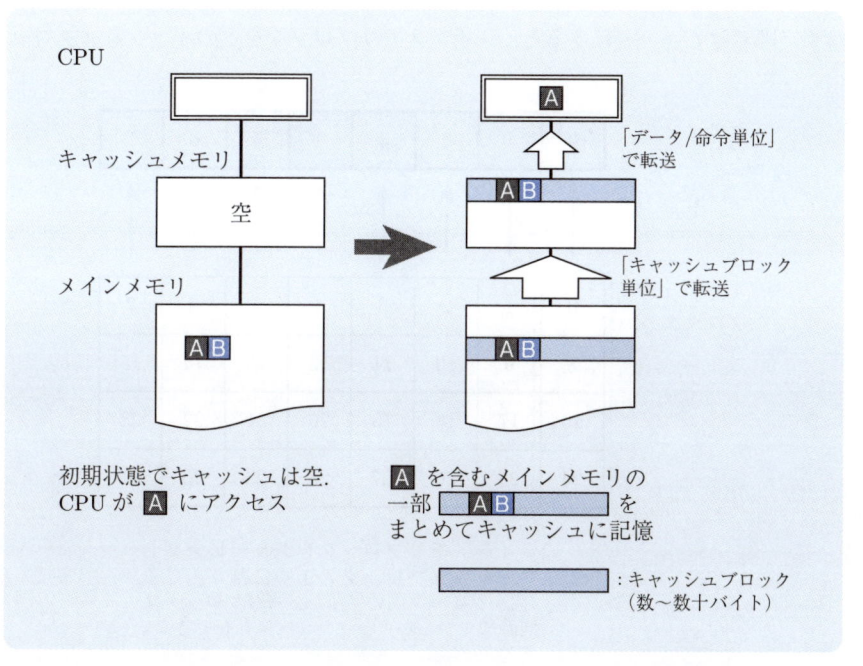

**図 5.2** キャッシュブロック単位でのキャッシュの利用

## 5.1.3 キャッシュの方式

キャッシュでは，メインメモリの一部分（ブロック）とキャッシュメモリ中のキャッシュブロックを対応付ける（マッピング）必要がある．代表的なマッピング方法には次の3つがある．

- ダイレクトマッピング
- フルアソシアティブ
- セットアソシアティブ

**ダイレクトマッピング**　メインメモリのブロックからそれを格納するキャッシュメモリのブロックが一意に決まる方式である．図5.3はダイレクトマッピングの概要を示したものである．メインメモリとキャッシュメモリを先頭からブロックサイズ単位で区切っていき，0番から1ずつ増やしながら番号を割り振っていく．メインメモリとキャッシュメモリは容量に差があるため，割り振られた番号の最大値は異なる．図5.3ではキャッシュブロック番号の最大値は7であり，キャッシュブロック数は8個ある．このキャッシュブロック数を$C$という変数（図では$C=8$）にすると，メインメモリブロックをどのキャッシュブロ

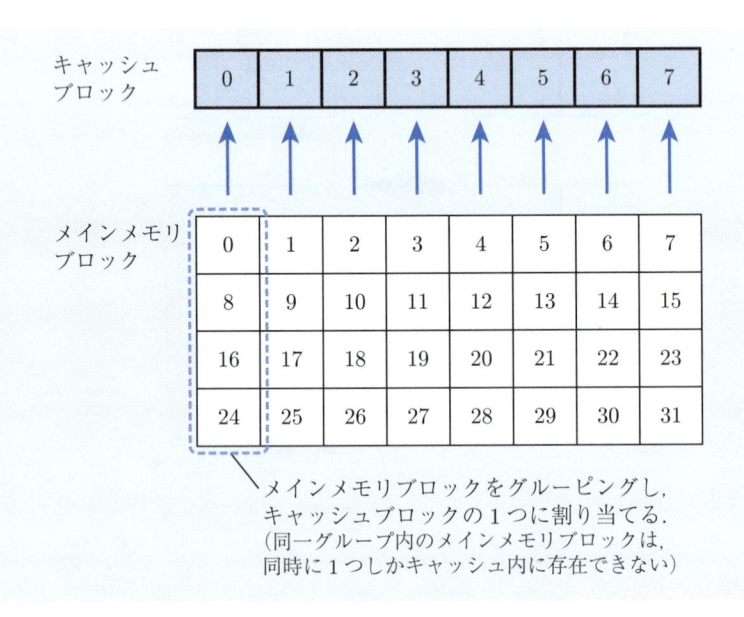

図 5.3　ダイレクトマッピングの概要

クに割り当てることができるかは次の式で決めることができる．

(割り当てるキャッシュブロック番号) = (メインメモリブロック番号) mod $C$

mod とは割り算をした余りを求める演算である．図 5.3 ではメインメモリのブロック番号（10 進数）を 2 進数にした場合，下位 3 ビットが同じものが同一のグループとなり，1 つのキャッシュブロックをそのグループで共有することになる．これは $C = 8$ の場合の余りは 0〜7 の範囲に収まるため，3 ビットあれば表現できるからである．$C$ の値が変われば当然グループを構成する下位ビット数は変化する．

**フルアソシアティブ**　メインメモリのブロックをキャッシュメモリの任意のブロックに保持できる方式であり，言い換えるとメインメモリのブロックからキャッシュメモリのブロックが決まらない方式でもある．図 5.4 はフルアソシアティブの概要を示したもので，ダイレクトマッピングと同様に，それぞれのメモリをブロックサイズ単位で区切って番号付けしている．メインメモリブロックはどのキャッシュブロックでも利用することができる．

**セットアソシアティブ**　メインメモリブロックからそれを保持できるキャッシュブロックが複数 ($n$) 個決まる方式である．$n$ を**連想度**や**ウェイ**と呼び，連想度別に，"$n$-ウェイ セットアソシアティブ" のように呼ばれる．図 5.5 は 2-ウェイ セットアソシアティブの概要を示したもので，ダイレクトマッピングと同様に，まずそれぞれのメモリをブロックサイズ単位で区切って番号付けしている．キャッシュブロック数を $C$（図 5.5 では $C = 8$），連想度を $n$（図 5.5 では $n = 2$）とすると，どのメインメモリブロックがキャッシュブロックのどのセットに割り当てられるかは次の式で決まる．

(割り当てるセット) = (メインメモリブロック番号) mod $(C \div n)$

図 5.5 では，メインメモリ番号（10 進数）を 2 進数にした場合，下位 2 ビットが同じものが同一のグループとなり，連想度と同じ数 ($n = 2$) のキャッシュブロックをそのグループで共有する．これは $C = 8, n = 2$ の場合，上記の数式の結果は 0〜3 の範囲で収まるため，2 ビットあれば表現できるからである．$C$ と $n$ の値が変われば当然グループを構成する下位ビット数は変化する．

それぞれの方式の長所と短所をまとめたものを表 5.1 に示す．

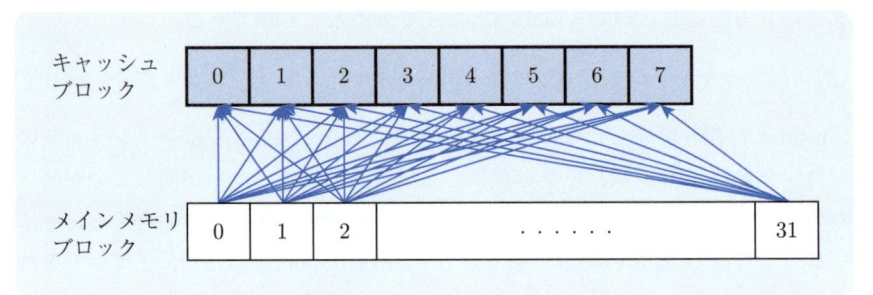

図 5.4　フルアソシアティブの概要

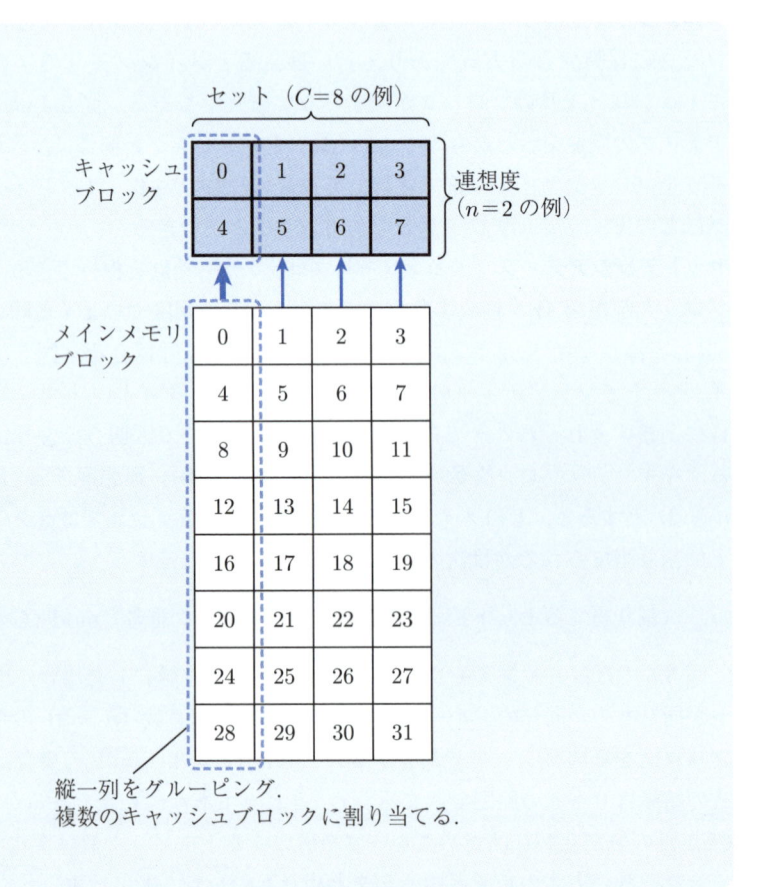

図 5.5　セットアソシアティブの概要

## 5.1 キャッシュメモリ

**表 5.1** キャッシュ方式の違い

|  | ダイレクトマッピング | フルアソシアティブ | セットアソシアティブ |
|---|---|---|---|
| 長所 | ヒット時間が短い. | ミス率の上昇が無い. | ミス率の上昇が無い. 比較器は連想度と同じ数でよいので作るのが容易. |
| 短所 | キャッシュ内の同一ブロックに多数の主記憶ブロックがマッピングされる（ミス率が上昇）. | 実際に作る場合, キャッシュブロックとメインメモリブロックを比較するための比較器を多く必要とするため複雑化する. | ヒット時間が他の方式に比べて長い. |

＊ヒット時間，ミス率の説明は表 5.2 を参照．

### 5.1.4 キャッシュの性能

キャッシュはメモリアクセス時間を向上するためのものである．キャッシュの性能指標として，表 5.2 のようなものがある．

平均メモリアクセス時間は

平均メモリアクセス時間 ＝ ヒット時間 ＋（ミス率 × ミスペナルティ）

という式で計算することができる．

**表 5.2** キャッシュの性能指標

| 用語 | 説明 |
|---|---|
| ヒット | アクセスしたいアドレスの内容がキャッシュ内に存在する. |
| ミス | アクセスしたいアドレスの内容がキャッシュ内に存在しない. |
| ヒット率／ミス率 | キャッシュにヒット／ミスする確率. 通常，ヒット率は 80％ 以上で設計される. また，ヒット率とミス率の合計は 1（100％）になる. |
| ヒット時間 | ヒット時にキャッシュへのアクセスに要する時間. |
| ミスペナルティ | ミス時にメインメモリからキャッシュブロックをキャッシュに転送する時間. |
| 平均メモリアクセス時間 | ヒット率やミス率，ヒット時間とミスペナルティを考慮したメインメモリへの平均的なアクセス時間. |

### 5.1.5 キャッシュの構成

前項で述べたキャッシュの各方式を実装するにあたり，メインメモリのブロックとキャッシュブロックの対応付けを管理する必要がある．これを実現するために**キャッシュディレクトリ**という対応付け表（**マッピングテーブル**）を用いる．キャッシュディレクトリとキャッシュメモリの概要を図 5.6 に示す．キャッシュディレクトリはそれぞれのキャッシュブロックにつき 1 つのエントリを持った表であり，次の 3 つで構成されている．

- **インデックス** ：何番目のエントリかを示す
- **有効ビット** ：そのキャッシュブロックが有効かを示す（0 か 1 の 2 値情報）
- **タグ** ：どのメインメモリブロックと対応しているかを判別する

キャッシュディレクトリの 1 つの**エントリ**は，インデックスと同じキャッシュブロック番号のキャッシュブロックを管理する．

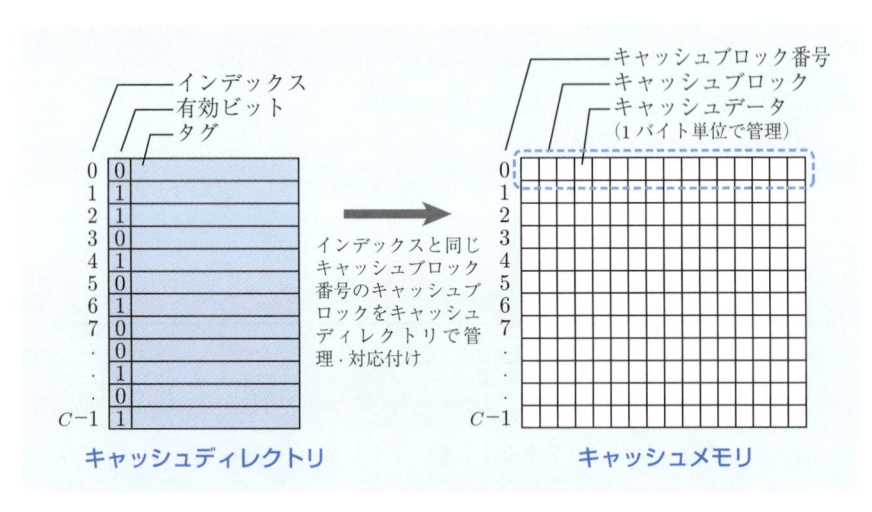

**図 5.6** キャッシュディレクトリとキャッシュメモリの関係

キャッシュディレクトリを用いてキャッシュを管理するためには，CPU が現在必要としている命令のアドレスから，"キャッシュディレクトリの何番目のエントリ（インデックス）か"，"そのエントリに格納されている情報は必要としているものと同じか"，"キャッシュブロック中の何番目の情報か" を判別できるようにする必要がある．キャッシュデータの格納先は，メモリアドレスを

図5.7のようなフィールドに分解することで決定する．図中の数値は，表5.3の状態において，ダイレクトマッピング用にメモリアドレスを分解したときの例である．インデックスでキャッシュディレクトリの何番目のエントリかを判別し，タグを比較することで現在格納されているキャッシュデータと同一かを判別し，**オフセット**によりキャッシュデータの何番目が必要な情報かを判別する．

**ダイレクトマッピング**　3つのフィールドに分解したメモリアドレスがキャッシュでどのように利用されるかを図5.8に示す．図はダイレクトマッピングの例である．

(1) キャッシュディレクトリからインデックス番目のエントリを探し，その中に格納されたタグと分解したメモリアドレスのタグフィールドを，**比較器**で一致しているか判断する．

(2) 比較器から出力される信号と有効ビットの数値の論理積を取る．もし比較器から一致信号（1）が出力され，かつ有効ビットが1の場合は論理積は1となり，入力されたメモリアドレスに適合するデータがキャッシュされていることになる．これを**ヒット**または**キャッシュヒット**と呼ぶ．

(3) ヒットした場合はキャッシュメモリのインデックス番目のキャッシュブロックを探し，そのキャッシュブロックのどこが必要なデータであるかをオフセットフィールドから判別する．そのデータが入力したメモリアドレスに該当するキャッシュデータとなる．

ここで，なぜタグが16 bit，インデックスが12 bit，オフセットが4 bitになっているのだろうか．これらのビット数は，キャッシュディレクトリのエントリ数，ブロックサイズによって決まる．図5.8では，キャッシュディレクトリのエントリ数は4 K（= 4,096）である．これは$2^{12}$であるため，インデックスは12 bitあればキャッシュディレクトリの何番目のエントリかを指定することができる．次に図ではブロックサイズが16 Byteである．$16 = 2^4$なので，オフセットは4 bitあれば16 Byteのブロックの何番目が必要な情報かを指定することができる．これでインデックスとオフセットに必要なビット数が決まったので，タグは残ったビット数（16 bit）を割り当てる．

もし，キャッシュディレクトリのエントリ数とブロックサイズが異なれば，上記のような考え方でそれぞれのフィールドに必要なビット数を計算することができる．

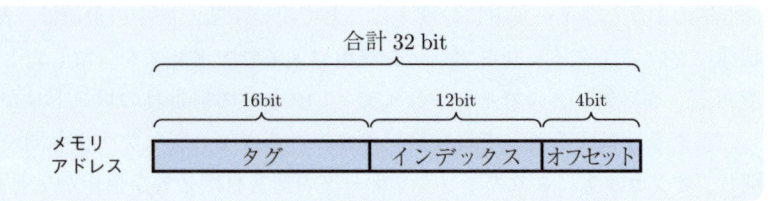

```
                合計 32 bit
          ┌─────────────────────────┐
           16bit      12bit    4bit
メモリ    ┌──────┬──────────┬──────┐
アドレス  │ タグ │ インデックス │オフセット│
          └──────┴──────────┴──────┘
```

**図 5.7** キャッシュのためのメモリアドレスのフィールド例

**表 5.3** メモリアドレス分解（図 5.7）の数値例

| 項目 | 数値 |
|---|---|
| メインメモリのアドレス長 | 32 bit |
| ブロックサイズ | 16 Byte |
| キャッシュメモリに格納できる総ブロック数 | 4 K（= 4,096 個） |
| キャッシュメモリの容量<br>（ブロックサイズ × 総ブロック数） | 64 KByte（= 16 × 4 K） |

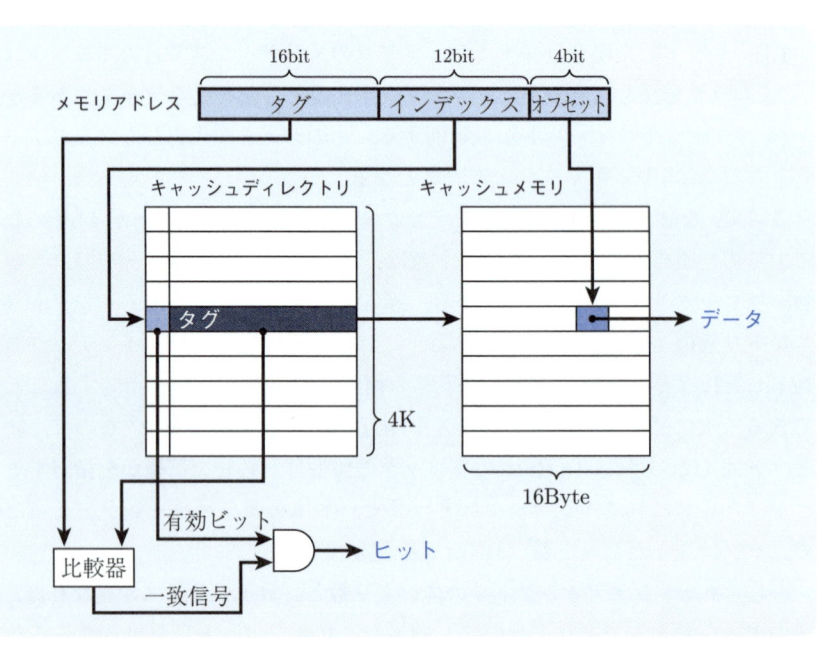

**図 5.8** メモリアドレスのフィールドとキャッシュでの利用例（ダイレクトマッピング）

## 5.1 キャッシュメモリ

**フルアソシアティブ**　この場合のキャッシュ利用の流れを図5.9に示す．フルアソシアティブは，メインメモリのブロックからキャッシュメモリのブロックが決まらない方式であるので，キャッシュメモリが空いていればどこでも利用することができる．したがって，CPUが必要とするメモリアドレスに対応するキャッシュデータの格納場所を特定するためには，キャッシュディレクトリの全てを調べる必要がある．したがって，メモリアドレスを分解するときにインデックスは不要となり，タグとオフセットの2種類に分解すればよい．

　図5.9を用いてフルアソシアティブの動作を説明する．まず，メモリアドレスのタグと，キャッシュディレクトリに格納されている全てのタグを比較器を用いて一致しているか判断する．次に，一致していた比較器が調べていたキャッシュディレクトリのエントリに対応したキャッシュブロックが分かるので，オフセットを用いてキャッシュブロックのどこに必要なデータが格納されているのかを判別する．このデータが入力したメモリアドレスに該当するキャッシュデータとなる．図5.9では，簡単化のために有効ビットと論理積を省略している．

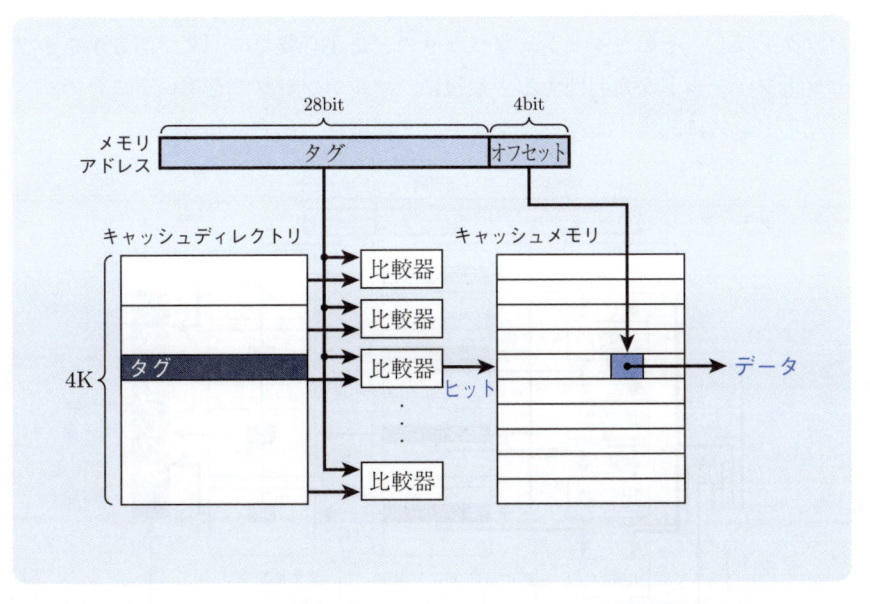

**図 5.9**　メモリアドレスのフィールドとキャッシュでの利用例（フルアソシアティブ）

**セットアソシアティブ** この場合のキャッシュ利用の流れを図 5.10 に示す．セットアソシアティブ（4-ウェイ セットアソシアティブ）は，メインメモリブロックからそれを保持できるキャッシュブロックが連想度と同じ数だけ決まる方式である．メモリアドレスはタグ，インデックス，オフセットの 3 種類のフィールドに分解する．インデックスのサイズは，それぞれのキャッシュディレクトリの最大数を表現できるビット数になればよいため，ダイレクトマッピングに比べて少ないビット数でよい．図 5.10 では，それぞれのキャッシュディレクトリのサイズは 1 K（＝ 1,024 個）なので，インデックスは 10 bit になる．この図を用いてセットアソシアティブの動作を説明する．まず，全てのキャッシュディレクトリからインデックス番目のエントリを探し，その中に格納されたタグと分解したメモリアドレスのタグフィールドを，比較器で一致しているか判断する．一致しているものが存在するなら，マルチプレクサにどのキャッシュディレクトリのデータが入力されたメモリアドレスのものなのかを通知する．マルチプレクサとは，複数の入力から，指示された 1 つを選択して出力する機器である．次に，全てのキャッシュメモリのインデックス番目のキャッシュブロックを探し，そのキャッシュブロックのどこが必要なデータであるかをオフセットフィールドから判別する．最後に，マルチプレクサを用いることで，メモリアドレスに該当するキャッシュデータが選択・出力される．

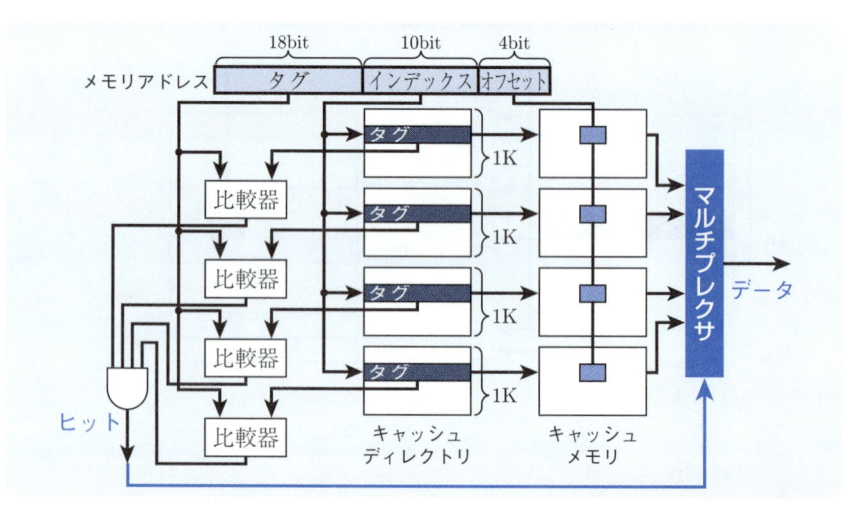

**図 5.10** メモリアドレスのフィールドとキャッシュでの利用例（セットアソシアティブ）

# 5.2 仮想記憶

### 5.2.1 仮想記憶の基本

**仮想記憶**はメモリを管理する技術であり，次の 2 種類の効果を備えている．これらは昨今の計算機では必要不可欠なものである．もし仮想記憶が無ければ，計算機は自身に搭載されているメインメモリの容量に収まるプログラムを同時に 1 つだけしか実行できない．

- 機器に実際に搭載されているメインメモリの容量より多くの容量を必要とするプログラムに対して，仮想的に搭載量以上のメモリ容量を提供（図 5.11 左）
- 複数のプログラムが同時に実行できるマルチタスクオペレーティングシステム（OS）において，1 つのメインメモリを共有（図 5.11 右）

仮想記憶を実現するには，まずプログラムから見える**アドレス空間**と，メインメモリのアドレスを切り離す必要がある．このとき，プログラムから見えるアドレス空間を**仮想アドレス**（**論理アドレス**）と呼び，メインメモリのアドレスを**実アドレス**（**物理アドレス**）と呼ぶ．この仮想アドレスと実アドレスを，変換表を用いて変換するのが仮想記憶の特徴である．仮想記憶はメインメモリだけを制御の対象にするのではなく，ハードディスクのような 2 次記憶装置も制御の対象にすることで，搭載されたメインメモリより大きなサイズのプログラムの実行に対応している点も特徴である．

仮想記憶の概要を図 5.12 に示す．プログラム A, B の 2 つは，それぞれの仮想アドレス空間を持っている．仮想記憶の機能が無かったら，利用するアドレスが重複する複数のプログラム同士が 1 つのメインメモリを利用すると，同じアドレスのメインメモリをお互いが使い合うことになるため正常に動作しない．そこで，仮想記憶による仮想アドレスと実アドレス空間の変換を行い，利用するアドレスが重複することの無いよう適切にメインメモリに配置する．もしメインメモリに空き領域が無くなった場合は，ハードディスクなどの 2 次記憶装置も利用する．

仮想アドレスはコンパイラが決定し，実アドレスは 2 次記憶装置からメインメモリにロードされる際に，その時点でのメインメモリの使用状況などから基本ソフトウェア（OS）により自動的に決定される．仮想アドレスと実アドレス

は命令の実行中にハードウェアでアドレス変換される．

この変換はメインメモリに格納する対応付け表（**マッピングテーブル**）を用いて行う．代表的な変換方式には，ページング方式，セグメント方式，ページ化セグメント方式がある．それでは，それぞれの違いを解説していこう．

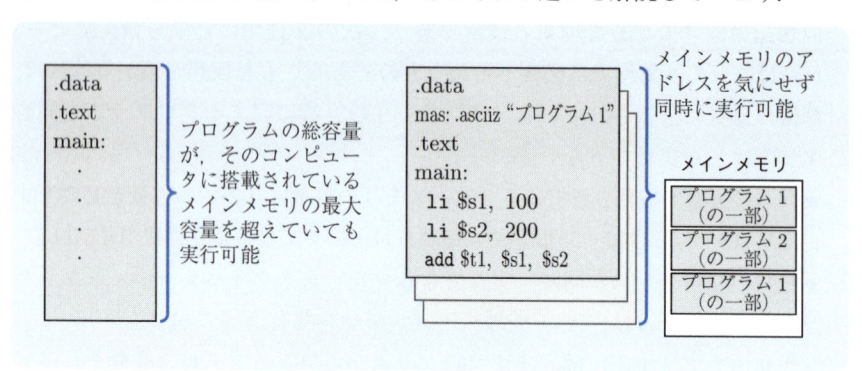

図 5.11　仮想記憶の効果例

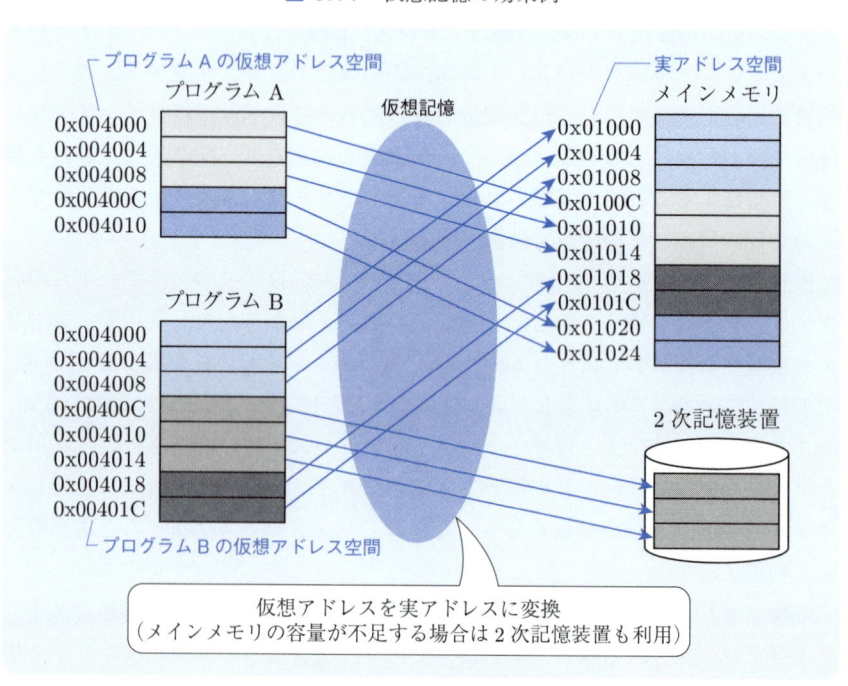

図 5.12　仮想記憶の概要

## 5.2.2 ページング方式

仮想アドレスと実アドレスを，それぞれのアドレスの管理の最小単位である1Byte ごとにマッピングすると，対応付け表のサイズが大きくなりすぎるという問題がある．そこで「ページ」と呼ばれる固定長のブロックを実アドレスと仮想アドレスのマッピング単位とするのが**ページング方式**である．ページサイズは通常 512～8,192 Byte である．

図 5.13 にページング方式の概要を示す．仮想アドレスと実アドレスの変換には，プログラムごとに用意されたページ表を用いる．図 5.13 は 2 つのプログラムが実行中の状態でページング方式がどのように動作するかを示している．まず，プログラム A が現在アクセスしている仮想アドレスを，**仮想ページ番号**と**ページ内オフセット**の 2 つのフィールドに区切る．仮想ページ番号はページ表の何番目のエントリかを意味するインデックス情報，ページ内オフセットは，メインメモリのブロック内のどこのデータかを意味する情報である．図 5.13 では，プログラム A の仮想ページ番号は 2 であるため，ページ表の 2 番のエントリから物理ページ番号 1 が得られる．ここでメインメモリのどこにアクセスしたいデータを含むページが存在するかが判明する．ページ内のどこにあるデータがアクセスしたいものであるかは，ページ内オフセットで特定することができる．プログラム B も A と同様の手順で，プログラム B 専用のページ表を使用することで仮想アドレスと実アドレスの変換を行うことができる．

次に，具体的にどのように仮想アドレスを物理アドレスに変換するのかを図 5.14 に示す．基本的には，仮想ページ番号を物理ページ番号に変換するだけでよい．そのため仮想ページ番号からページ表を用いて物理ページ番号を取り出し，その物理ページ番号と仮想アドレスのページ内オフセットをくっつけるだけで物理アドレスに変換することができる．

ページ表の総エントリ数は，仮想ページ番号で表現できるビット数の最大値と同じ数になり，ブロックサイズはページ内オフセットで表現できるビット数の最大値と同じ容量になる．図 5.14 では，仮想ページ番号に 20 bit 割り当てているためページ表の総エントリ数は $2^{20}$ 個，ページ内オフセットには 12 bit 割り当てているためブロックサイズは $2^{12}$ Byte となる．

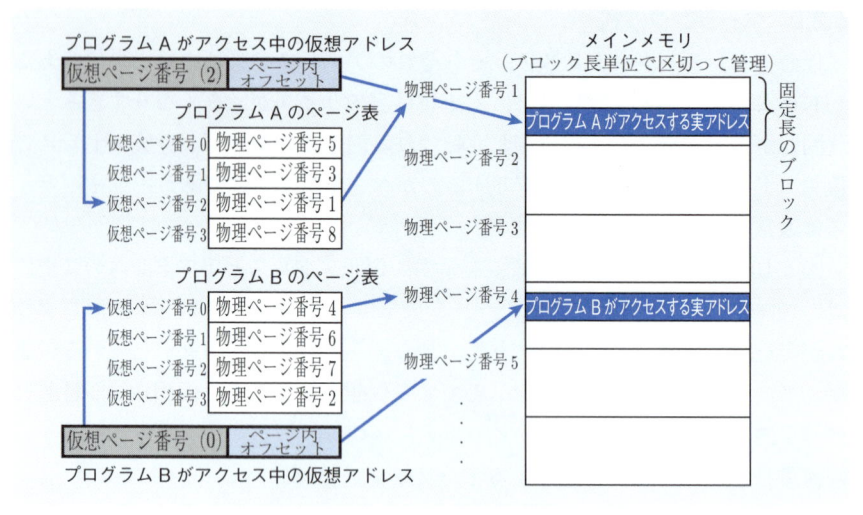

図 5.13 ページング方式の概要

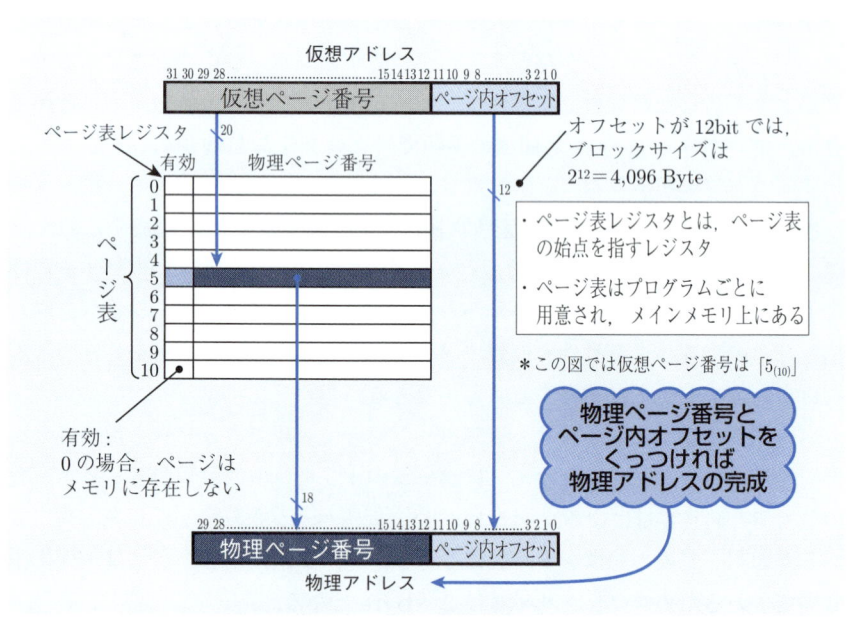

図 5.14 仮想アドレスから物理アドレスへの変換

## 5.2.3　セグメンテーション方式とページ化セグメンテーション方式

**セグメンテーション方式**　ブロック単位で仮想アドレスと実アドレスをマッピングするという点ではページング方式と同じであるが，プログラムやデータといった意味のある可変長のブロックをマッピングの単位とするのが違いである．

図 5.15 にセグメンテーション方式の概要を示す．仮想アドレスと実アドレスの変換には，プログラムごとに用意されたセグメント表を用いる．この図は 2 つのプログラムが実行中の状態でセグメンテーション方式がどのように動作するかを示している．まず，プログラム A が現在アクセスしている仮想アドレスを，**仮想セグメント番号**と**セグメント内オフセット**の 2 つのフィールドに区切る．仮想セグメント番号はセグメント表の何番目のエントリかを意味するインデックス情報，セグメント内オフセットはメインメモリのセグメント内のどこのデータかを意味する情報である．図 5.15 では，プログラム A の仮想セグメント番号は 1 であるため，ページ表の 1 番のエントリから実セグメント開始アドレスが得られる．ここでメインメモリのどこにアクセスしたいデータを含むセグメントが存在するかが判明するので，次はセグメント内オフセットを使うことで，取得したいデータがセグメント内のどこかを特定することができる．プログラム B も A と同様の手順で，プログラム B 専用のセグメント表を使用することで仮想アドレスと実アドレスの変換を行うことができる．

具体的にどのように仮想アドレスを物理アドレスに変換するのかを図 5.16 に示す．基本的には，仮想セグメント番号から，セグメント表を用いて得られた実セグメント開始アドレスとセグメント内オフセットを「加算」することで実アドレスに変換することができる．

セグメンテーション方式では，プログラムやデータのような意味のあるブロックで 1 つのセグメントを構成するため，メインメモリ内には連続した領域としてそれぞれのセグメントが確保される．セグメンテーション方式を利用すれば，プログラムの格納されたセグメントは読取りのみに制限し，データの格納されたセグメントは読み書き可能にするといった，メモリの保護が容易になる．欠点としては，様々なプログラムの実行と終了を繰り返した場合に，それぞれのプログラムで必要なセグメントのサイズが異なることから，新しいセグメントを格納できない空き領域がメインメモリ中に多く発生する点である．これを**外部断片化（フラグメンテーション）**と呼ぶ．そのため，利用中のセグメントを配置しなおして大きな空き領域を作成する**コンパクション処理**が必要になる．

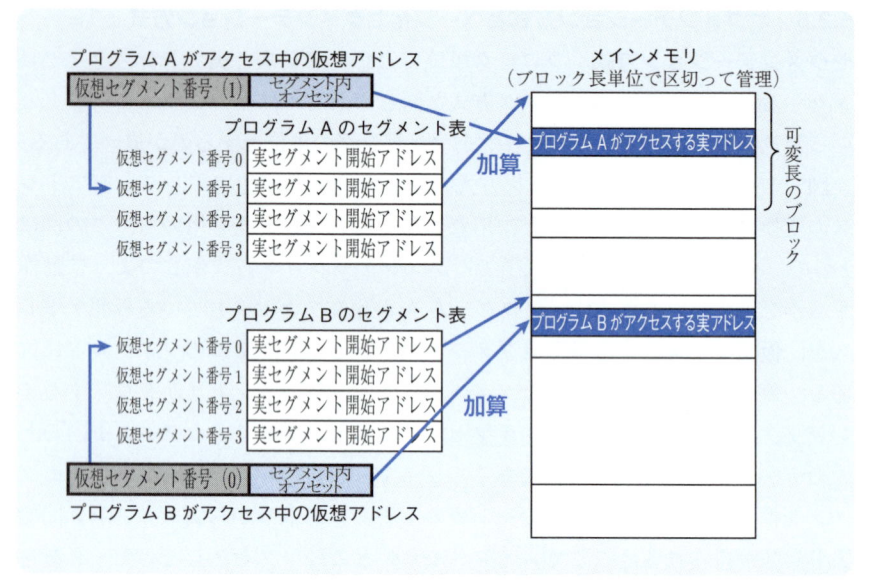

152　第 5 章　メモリアーキテクチャ

**図 5.15** セグメンテーション方式の概要

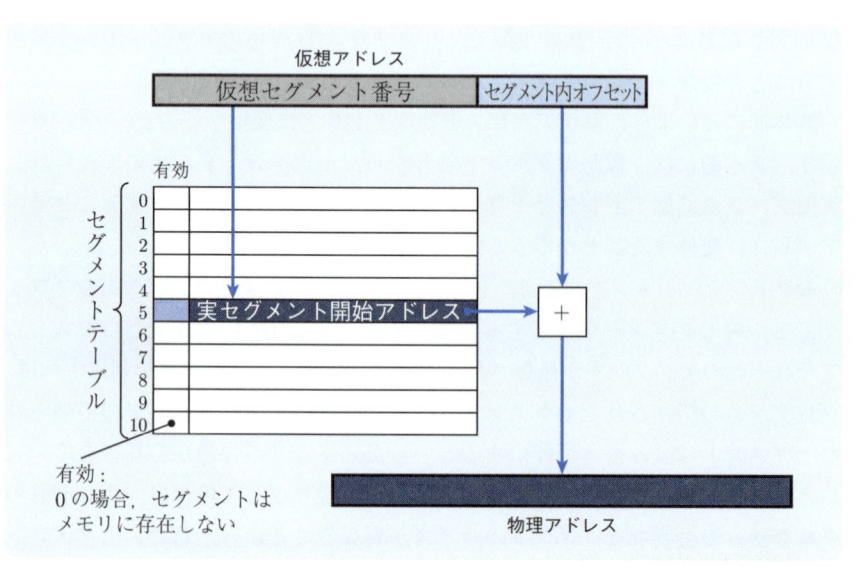

**図 5.16** 仮想アドレスから物理アドレスへの変換（セグメンテーション方式）

有効：
0 の場合，セグメントはメモリに存在しない

## 5.2 仮想記憶

**ページ化セグメンテーション方式** ページング方式とセグメンテーション方式を組み合わせたものである．複数の固定長のページでセグメントを構成することで，意味のある可変長のセグメントを作りつつ，ページング方式の利点も利用することができる方式である．セグメントごとに独立したページ表を持つ点が特徴である．

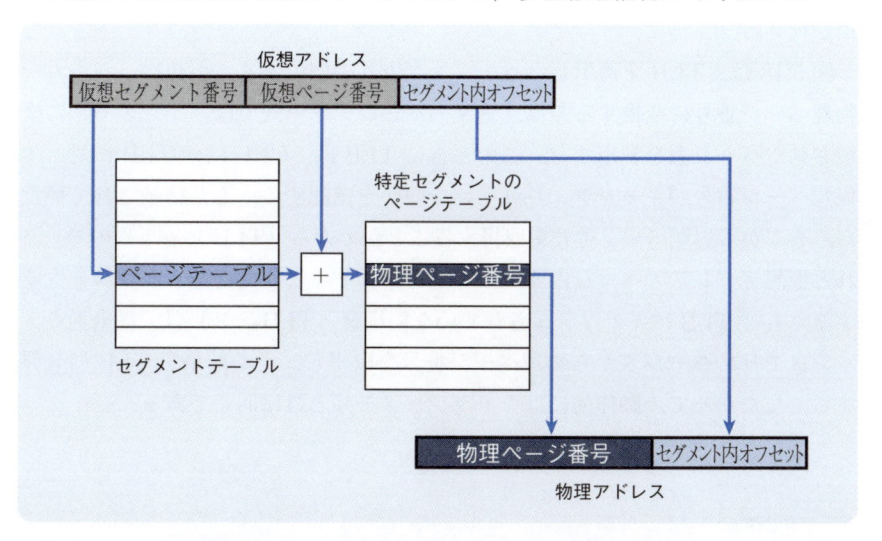

ページ化セグメンテーション方式の仮想アドレスと実アドレスの変換の流れを図 5.17 に示す．まず仮想アドレスは，**仮想セグメント番号**，**仮想ページ番号**，**セグメント内オフセット** の 3 種類のフィールドに分割する．それらのフィールドと，セグメントテーブルとそのセグメントに対応したページテーブル群を関連付けることで実現されている．

ページ化セグメンテーション方式では，セグメンテーション方式のようにメインメモリに連続した領域を必要としない．プログラムやデータなどの意味のあるブロックをページという単位で分割し，分割されたページをセグメントという単位で 1 つにまとめるというイメージである．ページング方式のようにページはメインメモリのどこに配置してもよいので，外部断片化を防ぎながら，セグメンテーション方式のようにメモリの保護も可能になる．さらに，セグメントの大きさを自由に変更できるといった利点もある．

2 段階で仮想記憶を実現していることから，**多重仮想記憶** とも呼ばれる．

**図 5.17** ページ化セグメンテーション方式の概要

### 5.2.4 仮想記憶のアドレス変換の高速化

仮想記憶を利用する場合，仮想アドレスを物理アドレスに変換する処理が毎回必要になってくる．これまでに解説してきた仮想記憶の3つの方式（ページング，セグメンテーション，ページ化セグメンテーション方式）は，メインメモリに格納されたページ表（テーブル）やセグメントテーブルといった対応付け表を使ってこのアドレス変換を行うものであった．そのため仮想アドレスと実アドレスの変換処理自体はハードウェアで行うので高速に処理できるものの，メインメモリにアクセスするたびにメインメモリに格納された仮想記憶用のテーブルを確認する必要がある．これはメインメモリへのアクセスが2回発生することを意味しており，メモリアクセス速度を低下させる要因になる．対応付け表は実行中のプログラムごとに1つ必要になり，また1つの対応付け表は1MB以上の容量を必要とするので，キャッシュメモリのような高速だが低容量の記憶装置を利用するのは難しい．

そこで，仮想アドレスから実アドレスへの変換の高速化技術が開発された．これを **TLB**（Translation Lookaside Buffer）という．TLBはページテーブルのキャッシュとして動作する．CPU内に設置された高速なメモリに最近利用された仮想アドレスと実アドレスの変換結果をキャッシュしておくことで，メインメモリに格納されたページテーブルにアクセスすることなくアドレスの変換が行える．

図5.18は，TLBを適用したページング方式の例である．仮想ページ番号を物理ページ番号に変換する際に，通常のページング方式ではメインメモリに格納されたページ表を利用する．このときにTLBは，CPU内のTLBに対して仮想ページ番号がキャッシュされていないかを確認する．もし格納されていたら，そこから物理ページ番号を取得することができる（TLBヒット）ので，これと仮想アドレスのページ内オフセットを結合することで物理アドレスを生成する．もしTLBにキャッシュされていない場合（TLBミス）は，従来通りメインメモリのページ表から物理ページ番号を取得し，その結果をTLBに登録する．したがって，動作的にはキャッシュメモリとほぼ同じである．

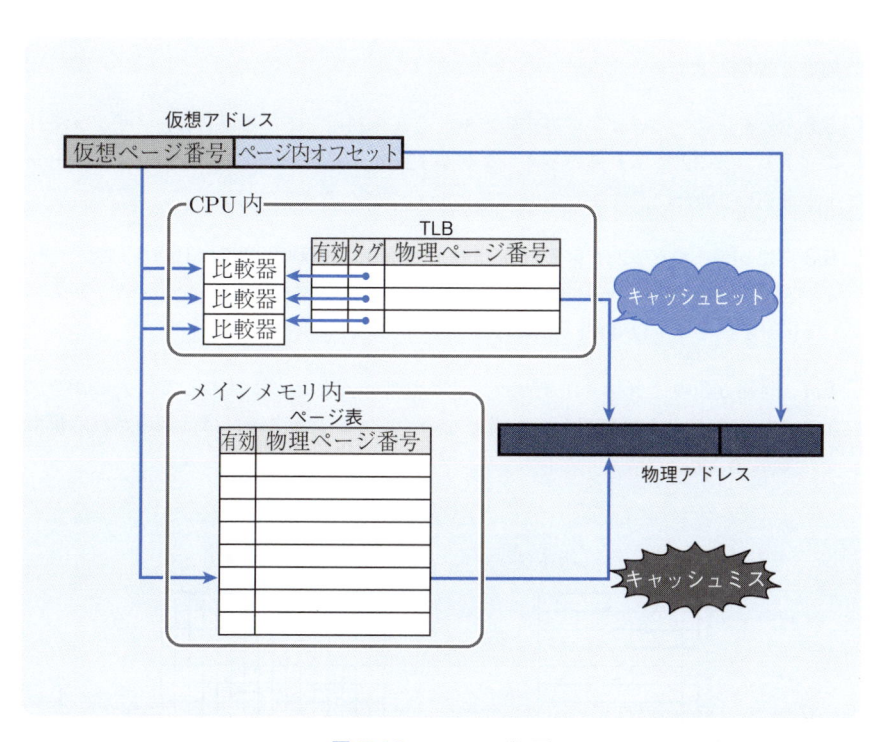

図 5.18　TLB の概要

# 演習問題

**キャッシュメモリ**

☐ **5.1** ダイレクトマッピング，フルアソシアティブ，セットアソシアティブ方式の違いを説明せよ．

☐ **5.2** ダイレクトマッピング方式のキャッシュを利用している場合に，メインメモリのアドレスが 32 ビット長のとき，タグが 12 bit，インデックスが 12 bit，オフセットが 8 bit の場合に，キャッシュ容量はいくつになるか答えよ．

☐ **5.3** 32 bit のメモリアドレス「00000000000001100000000001110001」の，タグ，インデックス，オフセットは何になるか答えよ．タグは 16 bit，インデックスは 12 bit，オフセットは 4 bit とする．

☐ **5.4** 問題 5.3 のアドレスがキャッシュされているとき，下図のどこに入るかを図示せよ．有効ビットは無視しても構わない．キャッシュメモリは，利用される場所を全て示すこと．

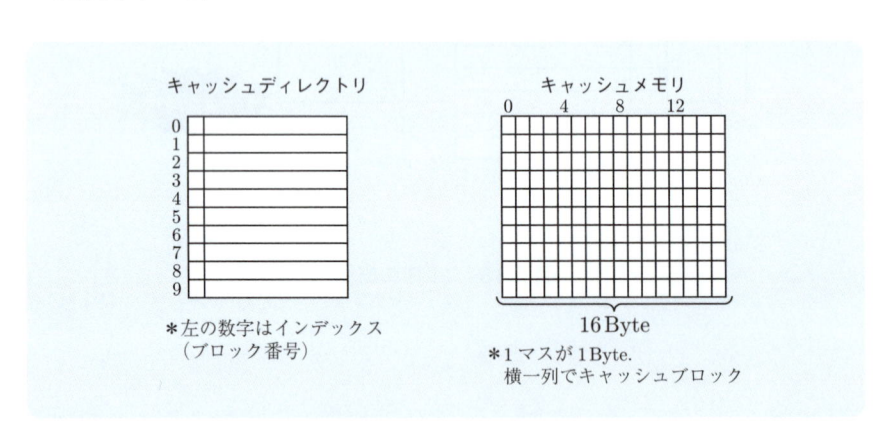

[図：キャッシュディレクトリ（インデックス 0〜9）とキャッシュメモリ（16 Byte，1 マスが 1 Byte，横一列でキャッシュブロック）]

☐ **5.5** キャッシュディレクトリのサイズは，メモリアドレスをどのように分解するかで決まる．次の場合，メモリアドレスのどのフィールドが何ビットであるかを答えよ．
 (1) ダイレクトマッピングを利用しており，8,192（8 K）の場合
 (2) 4-ウェイ セットアソシアティブを利用しており，1,024（1 K）の場合

## 演習問題

- **5.6** キャッシュディレクトリのサイズが 64 K（= 65,536）の場合，ダイレクトマッピングと 2-ウェイ セットアソシアティブではどのようにメモリアドレスを分解する必要があるか答えよ（オフセットは 4 bit で固定とする）．

- **5.7** ヒット時間が 10 ns，ヒット率が 0.7，ミスペナルティが 100 ns のとき，平均アクセス時間を求めよ．

- **5.8** 問題 5.7 の場合に，キャッシュがあることでメモリアクセスが何倍高速化するかを計算せよ．

- **5.9** ヒット時間が 10 ns，ミスペナルティが 100 ns のとき，キャッシュを導入して平均アクセス時間を 5 倍高速化したい．このとき，ヒット率をいくつにすれば高速化できるかを計算せよ．

- **5.10** ヒット時間が 10 ns，ミスペナルティが 150 ns のとき，キャッシュを導入して平均アクセス時間を 30 倍高速化したい．このとき，ヒット率をいくつにすれば高速化できるかを計算せよ．

### 仮想記憶

- **5.11** 仮想記憶について，仮想アドレスが 32 bit，ページサイズが 4 KByte（= ページ内オフセット 12 bit），物理アドレスが 30 bit のとき，次の問に答えよ．
  (1) 仮想アドレス空間（= 全アドレス空間）内に，ページは何個格納できるかを計算せよ．
  (2) 物理アドレス空間内にページは何個格納できるかを計算せよ．
  (3) メインメモリの最大サイズを計算せよ．

- **5.12** 仮想アドレスが 32 bit，ページサイズが 12 bit，ページ表のエントリ 1 つ分が 4 Byte のとき，ページ表のサイズを計算せよ（有効ビットは無視してもよい）．

# 演習問題解答

● 第 1 章

**1.1** (1) 11111111

(2) 11111100100

**1.2** (1) 101

(2) 1266

**1.3** (1) 65

(2) 4F2

**1.4** (1) 11101111

(2) 0001_0010_0011_0100_1010_1011_1100_1101

**1.5** (1) 10010110

(2) 10101010

**1.6** (1) $-3.375$

(2) $-1.3125$

**1.7** (1) 59

(2) $-0.875$

**1.8** (1) 計算結果は 1110 となり，$11+3=14$ という計算を行っている．キャリフラグは立たず，答えの 14 は正しい．

(2) 計算結果は 1110 となり，$13-15=14$ という計算を行っている．キャリフラグは立ち，答えの 14 は誤った答えとなる．

**1.9** (1) $0110-0010=0100$ となり，キャリフラグは立たず，計算結果 4 は正しい．

(2) $1100+0101=0001$ となり，キャリフラグは立ち，計算結果 1 は誤り．

**1.10** (1) 計算結果は 1110 となり，$-5+3=-2$ という計算を行っている．オーバフローフラグは立たず，答えは正しい．

(2) 計算結果は 1110 となり，$-3-(-1)=-2$ という計算を行っている．オーバフローフラグは立たず，答えは正しい．

**1.11** (1) $0100-0111=1101$ となり，オーバフローフラグは立たず，計算結果 $-3$ は正しい．

(2) $1100+0101=0001$ となり，オーバフローフラグは立たず，計算結果 1 は正しい．

**1.12**

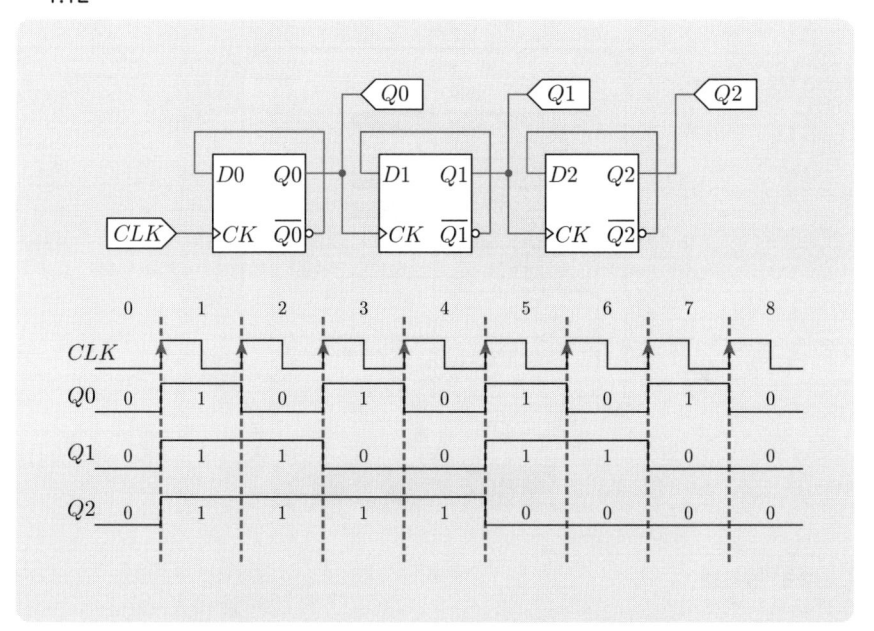

**1.13** ヒント：まず，グレイコードカウンタの状態遷移図を作成する．次に，その図に従って真理値表を作成する．その真理値表の次の値である $Q2'$, $Q1'$, $Q0'$ に対してそれぞれカルノー図を作成し，$Q2$, $Q1$, $Q0$ を用いた論理式を作成する．その論理式に従って組合せ回路を作成し，その出力を $D2$, $D1$, $D0$ に接続すれば回路は完成する．

● 第 2 章

**2.1, 2.2** 解答略

**2.3** 16 ビットで表現できる最大値と同じバイト数がメインメモリで管理できる容量になる．そのため，$2^{16} = 65,536$ バイトが管理できる最大容量である．$1,024 = 1\,\mathrm{K}$ バイトなので，答えは 64 K バイト．

**2.4, 2.5** 解答略

**2.6** (1) 解答略 (2) ヒント：5 ビットに拡張したとしても，命令に割り当てるビットは 1 ビットでよい．そのため，4 ビット分が移動量として利用できる．

2.7

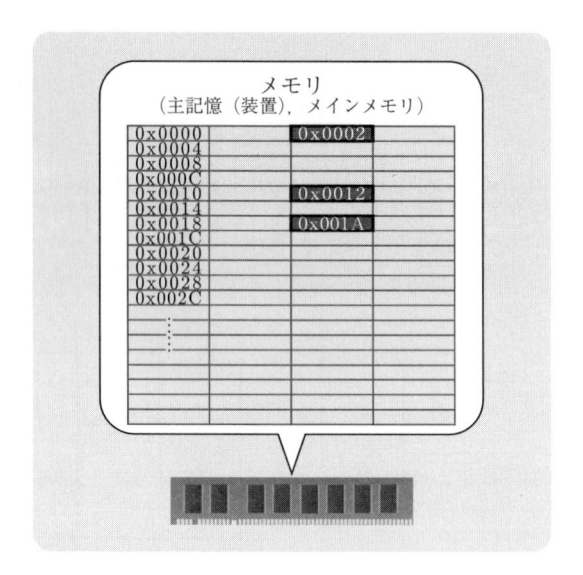

```
          メモリ
      （主記憶（装置），メインメモリ）
0x0000        0x0002
0x0004
0x0008
0x000C
0x0010        0x0012
0x0014
0x0018        0x001A
0x001C
0x0020
0x0024
0x0028
0x002C
```

2.8 解答略

● 第 3 章

3.1, 3.2 解答略

3.3 MIPS の汎用レジスタは 32 個であり，「32」は 5 bit で表現することができる．

3.4〜3.11 解答略

3.12 lw や sw 命令がアクセスするメモリのアドレスは，ベースレジスタに格納された数値＋定数 となる．ベースレジスタ ($t1) は 0x10000000 であり，定数は 64 である．このときアセンブリ言語は 10 進数で記述するため，定数の 64（10 進数）を 16 進数に変換する必要がある．したがって，0x10000000 + 0x40 = 0x10000040 が解になる．

● 第 4 章

4.1 ヒント：(1)〜(3) の各命令を R 形式のフォーマットに従って分解し，Op コード，第 1 ソースレジスタ，第 2 ソースレジスタ，ディスティネーションレジスタ，機能（func）コードがどのような値になるかを求める．

次にこれらの値が指定された図のバス上においてどこに現れるかをカラーペンにより示して，そのバス上に求めた値を記述していくこと．図 4.1 においても同様の作業を行えばよい．

演習問題解答　　　　　　　　　　　　　　　　　　　　　**161**

4.2　ヒント：(1), (2) の各命令を I 形式のフォーマットに従って分解し，Op コード，ソースレジスタ，ディスティネーションレジスタがどのような値になるかを求める．

　　　次にこれらの値が指定された図のバス上においてどこに現れるかをカラーペンにより示して，そのバス上に求めた値を記述していくこと．図 4.1 においても同様の作業を行えばよい．

4.3　ヒント：(1), (2) の各命令を I 形式のフォーマットに従って分解し，Op コード，ソースレジスタ，ディスティネーションレジスタ，即値，分岐先アドレスがどのような値になるかを求める．

　　　次にこれらの値が指定された図のバス上においてどこに現れるかをカラーペンにより示して，そのバス上に求めた値を記述していくこと．図 4.1 においても同様の作業を行えばよい．

4.4　ヒント：J 形式のフォーマットに従って分解し，Op コードとそれ以外の値がどのような値になるかを求める．ただし，問題に与えられている分岐先アドレスの上位 4 ビットは [PC + 4] の上位 4 ビットが付加されており，さらに残り 28 ビットは 2 ビット左シフトされたものである点に注意すること．

　　　次にこれらの値が指定された図のバス上においてどこに現れるかをカラーペンにより示して，そのバス上に求めた値を記述していくこと．図 4.1 においても同様の作業を行えばよい．

4.5　ヒント：jr 命令の第 1 ソースレジスタが分岐アドレスとなる．制御ユニットからは jr 命令であることを示す制御信号を追加し，その値が 1 のときに，強制的に分岐アドレスが PC にセットされるように工夫すれば求めるデータパスが追加できる．

4.6　ヒント：MIPS 命令セットの中から追加する命令を選択し，jr 命令の場合と同様に追加すべきバスを描き加え，それに伴って制御信号を付加する．MIPS 命令については，いくつかのサイトでも示されており，検索すればすぐに見つかるはずである．

4.7　ヒント：4.5 で追加したデータパスを基に，命令フェッチ，デコードと進み，jump 命令と同じタイミングで PC に指定されたレジスタの値を書き込むといった流れで状態を追加していくこと．また制御信号についても，同様に変化の流れを把握すること．

## ●第5章

**5.1** 解答略

**5.2** オフセットによりブロックサイズが決まるので $2^8 = 256$ バイト，インデックスによりキャッシュの総ブロック数が決まるので $2^{12} = 4{,}096$ となる．$1{,}024 = 1\,\mathrm{K}$ とすると $4\,\mathrm{K}$ 個である．そのため，キャッシュ容量は $256 \times 4\,\mathrm{K} = 1{,}024\,\mathrm{K}$ バイトとなる．$1{,}024\,\mathrm{K} = 1\,\mathrm{M}$ なので，$1\,\mathrm{M}$ バイトとなる．

**5.3** タグは「0000000000000011」，インデックスは「000000000111」，オフセットは「0001」．

**5.4** キャッシュディレクトリの何番目のエントリかはインデックスで決まる．次に，そのエントリにタグが入っている．キャッシュメモリは 16 バイトで 1 つのブロックであるので，上から 8 行目（7 番目のエントリ）の横一列になり，その中のどこがキャッシュに利用されるかはオフセットで決まる．オフセットは 1 なので，1 番目から 4 マス分がキャッシュに利用される．4 マスなのは，32 ビットだからである．したがって，図のようになる．

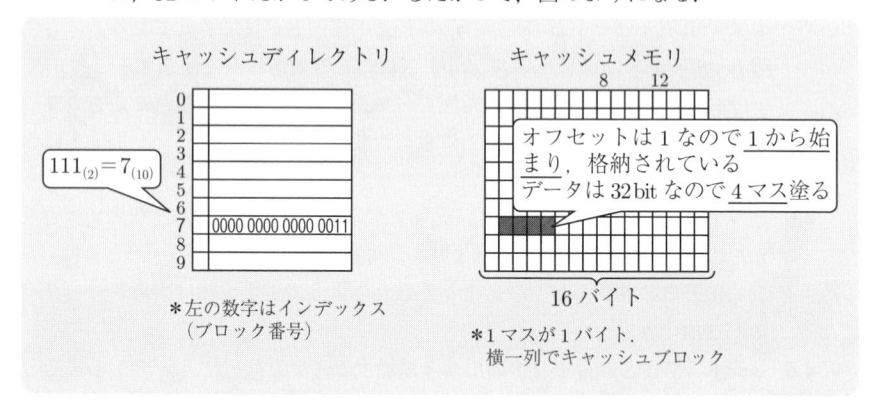

キャッシュディレクトリ

$111_{(2)} = 7_{(10)}$

7: 0000 0000 0000 0011

＊左の数字はインデックス（ブロック番号）

キャッシュメモリ

オフセットは 1 なので 1 から始まり，格納されているデータは 32 bit なので 4 マス塗る

16 バイト

＊1 マスが 1 バイト．横一列でキャッシュブロック

**5.5** (1) $8{,}192 = 2^{13}$ であるので，インデックスは 13 ビット．

(2) $1{,}024 = 2^{10}$ であるので，インデックスは 10 ビット（ウェイ数は関係ない）．

**5.6** ダイレクトマッピングの場合 $64\,\mathrm{K}\,(= 65{,}536) = 2^{16}$ なので，ダイレクトマッピングではインデックスが 16 ビット必要になる．したがって，タグ・12 ビット，インデックス・16 ビット，オフセット・4 ビットとなる．2-ウェイセットアソシアティブの場合，キャッシュディレクトリは 2 つ存在するため，1 つのサイズは $64\,\mathrm{K} \div 2 = 2^{15}$ なので，1 つのキャッシュディレクトリには 15 ビットのインデックスが必要になる．したがって，タグ・13 ビット，インデックス・15 ビット，オフセット・4 ビットとなる．

**5.7** 平均メモリアクセス時間は，$10 + (1 - 0.7) \times 100 = 40\,\text{ns}$ になる．

**5.8** 約 2.5 倍高速化する．キャッシュが無い場合は常にミスペナルティと同じ平均メモリアクセス時間になるため，$100 \div 40 = 2.5$ となる．

**5.9** 0.9（90%）にすればよい．キャッシュが無い場合は，常にミスペナルティ分の時間がかかるため，これを 5 倍高速化すると 20 ns になる．ヒット率を $x$ と置いた方程式 $20 = 10 + (1-x) \times 100$ が作れるので，これを解けばよい．

**5.10** 高速化は不可能．先ほどの問題と同様にヒット率を計算すると，ヒット率は 1 を超えた数値になる．ヒット率は 0 から 1 の間の数値になるため，高速化は不可能である．

**5.11** (1) $2^{30} \div 2^{12} = 2^{20}$ 個

$2^{32}$ の空間に $2^{12}$ のブロックがいくつ含まれるかを計算すればよい．

(2) $2^{30} \div 2^{12} = 2^{18}$ 個

$2^{30}$ の空間に $2^{12}$ のブロックがいくつ含まれるかを計算すればよい．

(3) $2^{30} = 1\,\text{G}$ バイト

**5.12** 仮想アドレス空間内のページ数が $2^{30} \div 2^{12} = 2^{20}$ 個なので，4 バイト $\times 2^{20}$ 個 $= 4\,\text{M}$ バイトとなる．

# 参考文献

[1] 菅原 一孔：『論理回路入門』，数理工学社（2013）

[2] D. M. Harris, S. L. Harris（著），鈴木 貢，天野 英晴，中條 拓伯，永松 礼夫（翻訳）：『ディジタル回路設計とコンピュータアーキテクチャ』，翔泳社（2009）

[3] D. E. Comer（著），鈴木 貢，中條 拓伯，仲谷 栄伸，並木 美太郎（翻訳）：『コンピュータアーキテクチャのエッセンス』，翔泳社（2007）

[4] J. L. Hennessy, D. A. Patterson（著），中條 拓伯（監修，翻訳），吉瀬 謙二，佐藤 寿倫，天野 英晴（翻訳）：『コンピュータアーキテクチャ 定量的アプローチ（第5版）』，翔泳社（2014）

[5] D. A. Patterson, J. L. Hennessy（著），成田 光彰（翻訳）：『コンピュータの構成と設計（第4版）』，日経BP社（2011）

[6] 坂井 修一：『実践 コンピュータアーキテクチャ』，コロナ社（2009）

[7] G. Kane（著），前川 守（翻訳）：『mips RISC アーキテクチャ ― R2000/R3000 ―』，共立出版（1992）

# 索　引

### ● あ行 ●

アセンブリ言語　52, 73
アドレス　44
アドレス空間　147
アドレスバス　33
アドレッシング方式　50
インタフェースコントローラ　33
インデックス　142
ウェイ　139
演算器　43
演算装置　42
エントリ　142
オーバフロー　22
オーバフローフラグ　22
オフセット　143
オペコード　52
オペランド　52, 69, 80
重み　3, 8

### ● か行 ●

外部記憶装置　32
外部断片化　151
カウンタ回路　26
仮数部　10
仮想アドレス　147
仮想記憶　147
仮想セグメント番号　151, 153
仮想ページ番号　149, 153
関数　92
記憶階層　47
記憶装置　42, 46
機械語　52, 73
基数　2
機能フィールド　101
基本ソフトウェア　32
キャッシュ　134, 141
キャッシュディレクトリ　142
キャッシュヒット　135, 143
キャッシュブロック　136
キャッシュミス　134
キャッシュメモリ　134
キャッシュライン　136
キャリ　16
キャリフラグ　20
局所性　136
空間的局所性　136
組合せ回路　14
グレイコード　40
クロック　24
ゲート遅延　27
桁上げ　16
減算回路　18
誤差　8
固定小数点　8
コントロールバス　33
コンパクション処理　151

### ● さ行 ●

サウスブリッジ　35
サブルーチン　92
時間的局所性　136
指数部　10
実アドレス　147
主記憶装置　42, 46
出力装置　32, 42
順序回路　24
状態遷移機械　28
状態遷移図　28
スタックセグメント　89
ステートマシン　28
ストアドプログラム方式　48
ストア命令　65
ストアワード　107
制御装置　42, 43
制御バス　33
制御ユニット　101
セグメンテーション方式　151
セグメント内オフセット　151, 153
セットアソシアティブ　139, 146
ゼロパディング　70
ゼロレジスタ　64
全加算器　17

### ● た行 ●

タイミングチャート　25
ダイレクトマッピング　138, 143
ダウンカウンタ　40
タグ　142
多重仮想記憶　153

単精度　10
蓄積方式　48
チップセット　33
ディスプレースメント　108
データセグメント　80
データ転送命令　87
データバス　33
データパス　98
テキストセグメント　80
同期回路　28

● な行 ●

ニーモニック　52
入力装置　31, 42
ノイマンズボトルネック　49, 136
ノースブリッジ　35

● は行 ●

バイアス　11
倍精度　10
排他的論理和　14
バイト　44
バイトアドレッシング　114
パイプライン　59
バス　33, 42
半加算器　16
パンチカード　31
汎用レジスタ　64
被演算子　52
被演算数　52
比較器　143

引数　52
非数値　11
ヒット　141, 143
ビット　3
ヒット時間　141
ヒット率　141
否定　14
非同期回路　27
フィールド　66
フォン・ノイマンアーキテクチャ　48, 65
符号　5
符号付き数値　7, 8
符号付き絶対値　5
符号無し数値　4, 8
符号ビット　5
物理アドレス　147
浮動小数点　10
フラグメンテーション　151
フルアソシアティブ　139, 145
プログラムカウンタ　44, 48, 65, 113
プログラム内蔵方式　48, 65
ブロックサイズ　136
分岐命令　119
分周回路　25
平均メモリアクセス時間　141
ページ化セグメンテーション方式　153
ページ内オフセット　149

ページング方式　149
補助記憶装置　42, 46
ボトルネック　49
ボローフラグ　20

● ま行 ●

マザーボード　36
マッピングテーブル　142, 148
マルチプレクサ　113
ミス　141
ミスペナルティ　141
ミス率　141
命令形式　65
命令セット　50
命令セットアーキテクチャ　50
命令操作コード　52, 67, 80, 100
命令デコード　126
命令フェッチ　114
命令フォーマット　52
命令レジスタ　100
メインボード　36
メインメモリ　42, 44
メモリアクセス速度　134
メモリデータレジスタ　107

● や行 ●

有効ビット　142

● ら行 ●

ラインサイズ　136

# 索　引

ラベル　92
ループ　92
レジスタ　43
レジスタ番号　64
レジスタファイル　100, 101
連結　118
連想度　139
ロード命令　65
ロードワード　107
論理アドレス　147
論理シミュレータ　14
論理積　14
論理和　14

● 欧字 ●

10進数　2
16進数　4
1次キャッシュ　134
1の補数　5
2次記憶装置　46
2次キャッシュ　134
2進数　2
2の補数　6

3ビット8進カウンタ　26
add　82
addi　82
ALU　101
AND　14
ASCIIコード　12
beq　82
BIOS　36
CISC　59
CPU　43
DIMM　46
DSP　9
Dフリップフロップ　24
FPGA　129
IEEE754　10
I形式　67
I形式命令　107
jal　82
JISコード　12
jr　82
J形式　67
J形式命令　121
L1キャッシュ　134
L2キャッシュ　134

la　88
li　82
LSB　5
lw　65, 87
MIPS　64
MSB　5
NOT　14
op　67
Opコード　100
OR　14
OS　32
PC　44, 48
PCSpim　73
QtSpim　73
RISC　59
ROMライタ　31
R形式　66
R形式命令　100
SDRAM　46
sw　65, 87
syscall　82
TLB　154
XOR　14

## 著者略歴

### 中條拓伯（なかじょう ひろのり）

1987 年　神戸大学大学院工学研究科修士課程電子工学専攻修了
1998 年　イリノイ大学アーバナシャンペーン校 Center for Supercomputing Research and Development (CSRD) Visiting Research Assistant Professor
1999 年　東京農工大学工学部情報コミュニケーション工学科助教授
現　在　東京農工大学大学院工学研究院先端情報科学部門准教授，博士（工学）

#### 主要著訳書

「コンピュータアーキテクチャ 定量的アプローチ 第 5 版」（共訳，翔泳社），「USB コンプリート—USB3.0 SuperSpeed バスの探求」（共訳，エスアイビーアクセス），「ディジタル回路設計とコンピュータアーキテクチャ」（共訳，翔泳社），「コンピュータアーキテクチャ 定量的アプローチ 第 4 版」（共訳，翔泳社），「コンピュータアーキテクチャのエッセンス」（共訳，翔泳社）

### 大島浩太（おおしま こうた）

2006 年　東京農工大学大学院工学教育部博士後期課程修了
2006 年　東京農工大学工学府・工学部特任助手
2007 年　東京農工大学大学院共生科学技術研究院助教
現　在　埼玉工業大学工学部講師，博士（工学）

---

グラフィック情報工学ライブラリ＝ **GIE–6**
実践による **コンピュータアーキテクチャ**
―MIPS プロセッサで学ぶアーキテクチャの基礎―

2014 年 4 月 25 日 ⓒ　　　初　版　発　行

著　者　中條拓伯　　　発行者　矢沢和俊
　　　　大島浩太　　　印刷者　林　初彦

【発行】　株式会社　数理工学社
〒151-0051　東京都渋谷区千駄ヶ谷 1 丁目 3 番 25 号
編集　☎ (03)5474–8661（代）　サイエンスビル

【発売】　株式会社　サイエンス社
〒151-0051　東京都渋谷区千駄ヶ谷 1 丁目 3 番 25 号
営業　☎ (03)5474–8500（代）　振替 00170–7–2387
FAX　☎ (03)5474–8900

印刷・製本　太洋社
《検印省略》

本書の内容を無断で複写複製することは，著作者および出版社の権利を侵害することがありますので，その場合にはあらかじめ小社あて許諾をお求め下さい．

ISBN978–4–86481–014–2
PRINTED IN JAPAN

サイエンス社・数理工学社のホームページのご案内
http://www.saiensu.co.jp
ご意見・ご要望は
suuri@saiensu.co.jp　まで．